극지과학자가 들려주는

똑똑한 유전자 이야기

그림으로 보는 극지과학 시리즈는 극지과학의 대중화를 위하여 극지연구소에서 기획하였습니다. 극지연구소Korea Polar Research Institute, KOPRI는 우리나라 유일의 극지 연구 전문기관으로, 극지의 기후와 해양, 지질 환경을 연구하고, 극지의 생태계와 생물자원을 조사하고 있습니다. 또한 남극의 '세종과학기지'와 '장보고과학기지', 북극의 '다산과학기지', 쇄빙연구선 '아라온'을 운영하고 있으며, 극지 관련 국제기구에서 우리나라를 대표하여 활동하고 있습니다.

일러두기

- 인명과 지명은 외래어 표기법을 따랐다. 하지만 일반적으로 쓰이는 경우에는 원어 대신 많이 사용하는 언어로 표기했다.
- 용어는 책의 내용과 직접 관련 있는 경우에는 본문에서 설명하였고, 주제와 관련이 적거나 추가 설명이 필요한 용어는 책 뒷부분에 따로 실었다.
- 참고문헌은 책 뒷부분에 밝혔다.
- 책과 잡지는《 》, 글과 영화는〈 〉로 구분했다.

그림으로 보는 극지과학 13

극지과학자가 들려주는

똑똑한 유전자 이야기

차례

Life at the edge!

생물이 살아갈 수 있는 궁극의 한계는 어디일까? 우리가 흔히 생각하는 극한 환경extreme environment은 영하 30도의 극지방, 1년 내내 비가 오지 않는 사막, 수십 기압이 넘는 심해저, 수백 도가 넘는 화산 지역 등의 환경을 의미한다. 이러한 환경에서 대부분의 생물들은 살 수 없다. 하지만 극한 온도, 압력 등의 환경에서도 고도의 환경적응력을 가지고 살아가는 생물들이 발견된다. 이들은 어떻게 그런 곳에서 살아갈 수 있게 된 걸까?

지구상의 모든 생물은 유전자를 가지고 있다. 생물이 가지고 있는 특성은 바로 유전자에 의해 생기는 것이다. 극한 생물들이 가지는 특별한 능력도 바로 이들이 가진 특별한 유전자들에 의한 것으로, 아주 오랜 시간 동안 여러 세대를 거치며 진행된 진화가 축적된 결과이다.

이 책에서는 독자들에게 극지 생물이 가지는 독특하고 다양한 환경 적응 기작에 대해 유전자의 관점에서 설명하고, 이를 통해 지구상 생물의 다양성과 생명 현상의 경이로움을 소개하고자 한다.

1장

내가 너와
다른 이유

지구상의 모든 생물은 유전자를 갖고 있다. 유전자에는 생물의 세포를 구성하고 유지하며, 이것들이 유기적인 관계를 이루는 데 필요한 모든 정보가 담겨 있다. 이 정보를 가지고 있는 유전자는 생식을 통해 어버이로부터 자손에게 전해진다.

1. 유전, 유전자, DNA

우리는 일상에서 유전에 대해 종종 말하곤 한다. "너는 어쩜 발가락까지 아빠를 닮았니?", "부모를 닮았으면 키가 클 거야", "유해의 신원을 밝히기 위한 DNA 검사를 실시하였다", "범죄 현장에서 DNA 검사를 위한 샘플을 채취하였다", "바이러스의 변이를 유전자 검사를 통해 확인하였다" 등등. 이렇게 유전, 유전자, DNA 같은 말들은 굉장히 널리 알려진 과학적 개념이다.

그럼 유전이란 무엇일까? 남길 유(遺), 전할 전(傳). 유전은 부모가 갖고 있는 특성이 다음 세대로 이어져 전해진다는 뜻이다. 즉 유전이란 자손이 부모를 닮은 현상을 의미한다. 부모가 가지고 있는 고유한 특성을 '형질'이라 하는데, 사람마다 다른 머리카락의 색과 모양, 눈동자의 색깔과 눈꺼풀의 모양, 피부색 등이 이에 해당한다. 이렇듯 유전이란 자신이 가

유전의 놀라운 힘! 똑 닮은 아버지의 어릴 적 모습과 아들.

진 형질을 자손으로 물려주는 것을 뜻하며, 생물체가 가지고 있는 고유한 유전 형질이 나타나게 하는 원인이 되는 단위 인자를 우리는 유전자라 부른다. 뒤에서 자세히 살펴보겠지만 보통 사람들이 같은 단어로 취급하는 유전자와 DNA는 다른 말이다. DNA에서 유전정보를 담당하고 있는 부분을 유전자라고 부른다.

지구상의 모든 생물은 유전자를 갖고 있다. 유전자에는 생물의 세포를 구성하고 유지하며, 이것들이 유기적인 관계를 이루는 데 필요한 모든 정보가 담겨 있다. 이 정보를 가지고 있는 유전자는 생식을 통해 어버이로부터 자손에게 전해진다.

그렇다면 유전에 대한 생각들은 어떻게 시작되었을까? 현대 과학에서 유전학의 발전은 엄청난 속도로 진행되어 지금은 유전 원리의 많은 부분이 알려졌지만, 19세기만 하더라도 과학자들은 유전이 부모의 형질이 고루 섞여서 자손에게 나타난다는 이른바 혼합유전설을 믿었다. 그러나 이러한 생각은 지금 우리가 알고 있는 이론과는 많이 다르다.

멘델의 완두콩 실험

지금 우리가 알고 있는 유전 개념은 유전학의 창시자인 그레고르 멘델G. Mendel(1822~1884)로부터 시작되었다. 당시 수도사이자 식물학자였던 멘델은 유전자나 염색체에 대해 알지 못했기 때문에, 그는 눈으로 관찰이 가능한 형질, 즉 완두콩의 색깔, 모양, 완두 꽃의 색깔, 콩깍지의 모양, 콩깍지의 색, 꽃이 피는 위치, 줄기의 키를 각기 다른 형질로 분류하여 이 형질들이 자손 세대에 어떻게 유전되는지에 대한 실험을 하였다.

그는 1856년부터 1863년까지 무려 2만 9,000그루의 완두콩과 그 자손의 형질을 조사한 뒤, 그 결과를 바탕으로 1865년 〈식물의 잡종에 관한 연구〉란 논문을 발표하였다. 멘델은 완두콩의 교배실험을 통해 입자에 가까운 물질에 의해 유전 현상이 일어난다고 주장했다. 멘델이 정리한 유전법칙의 핵심은 부모는 유전인자를 자손에게 전달하며, 이 유전인자는 입자처럼 각각의 본질을 유지한다는 것이다. 이때 각 유전형질을 결정하는 유전인자는 부모로부터 하나씩 받아 쌍을 이루며, 겉으로 표현되는 형질은 한 쌍의 유전인자의 조합에 의해 결정된다고 했다. 또한 멘델은 형질을 결정하는 유전인자는 우성과 열성으로 구별되는데, 우성은 열성보다 우세하게 표현된다는 원리까지 발견하였다.

그럼 멘델이 실제로 진행하였던 교배실험을 통해 그의 유전법칙을 살펴보자. 멘델이 심었던 콩의 모양은 둥글거나 주름진 형태를 가지고 있었다. 그의 유전법칙에 따라 콩의 모양을 결정하는 유전인자를 둥근콩은 R, 주름진콩은 r이라고 가정해보자. 부모로부터 하나씩 물려받은 유전인자 쌍에 의해 결정되기 때문에, 이때 생길 수 있는 유전인자의 조합은 RR, Rr, rr 이렇게 세 가지가 된다. RR, rr 등은 하나의 유전인자로만 이루어졌기 때문에 순종, Rr의 경우 두 가지 유전인자가 섞였기 때문에 잡종이라고 표현된다. 멘델은 순종의 둥근 완두콩 RR과 순종의 주름진 완두콩 rr을 교배하여 태어난 아들 세대는 모두 둥근 완두콩을 가지며, 아들 세대에 해당하는 개체를 자가수정시켰을 때 나타나는 손주 세대들에게서 둥근 완두콩 외에 주름진 완두콩이 함께 나타나는 것을 관찰하였다.

즉 부모세대에 있었던 주름진 형질이 손주세대에서 다시 나타난 것이다. 이를 위에서 제시한 유전인자의 조합으로 표현해보면 다음과 같다. 순종 둥근콩(RR)과 순종 주름진콩(rr)을 교배하면 순종 둥근콩에서 자손으로 전달할 수 있는 유전인자는 R, 순종 주름진콩에서 자손으로 전달할 수 있는 유전인자는 r, 이렇게 한 종류씩 가지고 있기 때문에 이들이 만나 쌍을 이루면 아들세대는 Rr형을 가지게 될 것이다. 이때 표현형은 모두 둥근형이었기 때문에 둥근콩 유전인자 R은 주름진콩 유전인자 r보다 우세하다는 것을 알 수 있다.

아들 세대의 콩 모양을 결정지었던 유전형 Rr은 다시 분리되어 R 또는 r 유전인자를 다음 자손에게 전달한다. 이때 배우자도 Rr형이라면 그 자손의 조합은 어떻게 될까? 부로부터 R, 모로부터 R이 전달되면 RR형. 부로부터 R, 모로부터 r이 전달되면 Rr형. 부로부터 r, 모로부터 R이 전달되면 rR형. 부로부터 r, 모로부터 r이 전달되면 rr형이 되어, 손주 세대는 RR:Rr:rR:rr 조합을 가지게 될 것이다.

그런데 앞서 우리는 둥근형 유전인자 R이 주름진형 유전인자 r보다 우세하다는 것을 아들세대에서 확인한 바 있다. 따라서 RR, Rr, rR형은 모두 둥근형 콩을 가지게 될 것이고, 오직 rr형만 주름진 콩 모양을 가지게 됨으로써 둥근콩과 주름진콩의 비율은 3:1로 나타나게 된다. 멘델은 완두콩의 교배실험에서 나타난 형질들로부터 수학적 통계를 적용한 논리적인 추론을 통해 각 유전형질을 결정하는 유전인자는 쌍

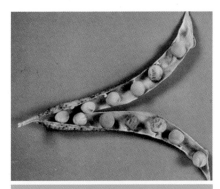

그림 1-2

손자 세대의 완두콩. 둥근콩과 주름진 완두콩이 한 깍지의 콩에 함께 나타난다.

으로 나타나며 각 부모로부터 하나씩 별개의 단위로 유전된다고 결론을 내릴 수 있었다.

멘델의 유전법칙은 명쾌하게 유전 현상을 설명했음에도 불구하고 그의 연구 결과는 생전에는 주목을 받지 못하였다. 왜냐하면 당시의 생물학은 많은 부분이 미지의 영역이었기 때문이다. 멘델은 당시에 유전자나 염색체의 존재를 몰랐기 때문에 완두콩의 형질을 결정하는 요소를 단지 유전인자라 불렀는데, 이 유전인자라는 개념은 이후 1909년에야 덴마크 생물학자 요한센W. Johannsen(1857~1927)에 의해 '유전자Gene'라고 이름이 붙여졌다. 그리고 그가 말한 유전인자가 어떤 방식으로 유전되는

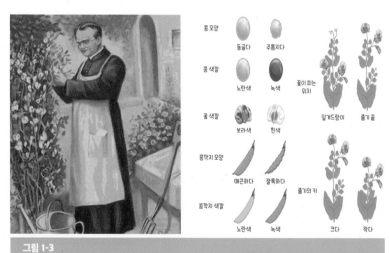

그림 1-3

유전학의 창시자 그레고리 멘델(좌)과 그가 관찰했던 완두콩의 일곱 가지 형질(우).

극지과학자가 들려주는 똑똑한 유전자 이야기

지 이후 많은 사람의 노력으로 밝혀졌다. 20세기가 되어서야 그의 발견이 얼마나 중요한지 알려지게 된 것이다.

그럼 유전인자는 어떤 형태의 물질에 의해 자손에게 전해질까? 글을 읽는 여러분은 이미 짐작하고 있겠지만, 정답을 미리 말하자면 바로 DNA라는 물질이다.

DNA의 발견

1879년, 스위스의 생리의학자 미셰르F. Miescher(1844~1895)는 환자의 붕대에 묻은 고름에서 짜낸 백혈구로부터 세포의 핵을 분리했다. 그리고 여기에서 단백질 분해효소에 의해 분해되지 않는 인산 성분의 어떤 물질을 분리하였는데, 이것이 DNA의 최초 발견이다.

이 물질은 '핵에서 나온 산성 물질'이라는 의미로 핵산Nucleic acid이라 이름이 붙여졌다. DNA는 핵산의 일종으로 화학적 구조 디옥시리보오스 핵산Deoxyribose Nucleic Acid의 약자인 셈이다. DNA는 세포 내의 염색체에 있다. 그럼 우리가 뉴스나 과학잡지에서 접하는 DNA와 염색체는 각각 무엇을 의미하는 것인지 알아보자.

일단 우리의 몸은 세포로 구성되어 있다. 사람의 경우 성인이 될 때까지 약 30조 개의 세포를 가진다고 한다. 이 세포들은 자신의 유전정보를 세포 내의 별도 공간인 핵Nucleus에 저장한다. 이 세포핵 안에는 유전정보를 가진 DNA가 존재하는데, 이 DNA는 단독으로 존재하는 것이 아니라 히스톤histone이라는 공모양의 단백질에 감겨 있다. 마치 실이 구슬을 감싸는 모양인데, 이러한 형태를 우리는 염색질chromatin이라 부른다. 염색질은 평소에는 세포 내에 퍼져 있다가 세포분열이 시작되면 고도로 응축되어 염색체chromosome라는 구조를 만든다 (염색체는 세포를 관찰하기 위해 쓰는 염료에 염색이 잘 되는 구조라는 뜻으로 붙은 이름이다). 이 염색체를 감고 있는 실과 같은 구조가 DNA인 셈이다.

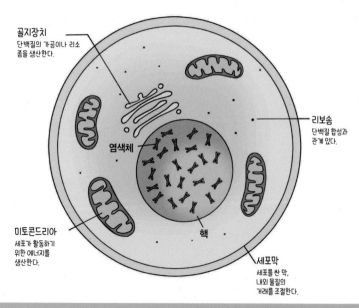

골지장치
단백질의 가공이나 리소좀을 생산한다.

염색체

리보솜
단백질 합성과 관계 있다.

미토콘드리아
세포가 활동하기 위한 에너지를 생산한다.

핵

세포막
세포를 싼 막,
내외 물질의
거래를 조절한다.

그림 1-4

세포의 구조. 성인 인간은 이런 세포 약 30조 개로 구성되어 있다.

극지과학자가 들려주는 똑똑한 유전자 이야기

사실 DNA의 역할에 대해 알려지기 전에, 초파리 학자인 모건T. H. Morgan(1866~1945)에 의해 유전자가 염색체에 있다는 염색체설이 확립되었다. 모건은 초파리를 키우면서 멘델의 법칙을 확인할 수 있었는데, 초파리의 눈 색깔에 관여하는 유전자가 초파리의 성염색체인 X 염색체 위에 있다는 사실을 알게 되었다. 멘델이 유전법칙을 발표하고 50여 년이 지나서야 비로소 유전자가 세포 속에 실재하는 물질임이 알려지게 된 것이다. 모건은 X 염색체에 눈 색깔 외에도 여러 가지 유전자가 있음을 알게 되었으며, 연구팀은 이들의 순서를 결정하는 초파리 염색체지도를 작성하게 된다.

유성 생식을 하는 생물들은 모양과 크기가 같은 염색체를 쌍으로 가지는 경우가 많은데, 이는 어버이로부터 각각 하나씩의 염색체를 받았기 때문이다. 이는 멘델이 주장했던 유전인자는 쌍으로 존재한다는 가설과 일맥상통한다. 사람의 경우 23쌍의 염색체를 가지고 있는데, 이 중 한 쌍은 성을 결정하는 성염색체이다. 사람의 성을 결정하는 성염색체쌍은 XX 혹은 XY로 표현되며, Y 염색체는 남자에게서만 나타난다. 따라서 어머니로부터 받은 X 염색체에, 아버지로부터 온 성염색체가 X냐 혹은 Y냐에 따라 당신의 성이 결정된 것이다.

한편 염색체라는 물질은 단백질과 핵산으로 이루어져 있다. 그렇다면 이들 중 누가 유전정보의 전달을 담당할까? 단백질은 20가지의 아미노산으로 이루어져 있는 반면, 핵산은 4종류의 염기로 구성된다. 이

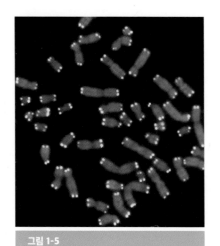

런 사실은 당시의 많은 과학자들로 하여금 핵산보다는 단백질이 더 유력한 유전물질이라고 믿게 하였는데, 이는 복잡한 생명정보를 4종류로만으로 이루어진 염기가 결정하기에는 부족하다고 생각했기 때문이다. 이후 많은 과학자들의 노력 끝에 유전물질의 베일이 벗겨지게 되는데, 에이버리 O. Avery(1877~1955)의 실험과 허시 A. Hershey(1908~1997)와 체이스 M. Chase(1927~2003)의 실험에 의해 DNA와 단백질 중 어떤 물질이 유전물질인지에 대한 논란의 종지부를 찍게 된다.

에이버리가 실험을 했던 1940년대에는, 폐렴구균에 유전물질을 넣을 경우 그 폐렴구균의 유전형이 바뀐다는 형질전환이라는 개념이 알려져 있었다. 에이버리의 형질전환 실험을 이해하기 위해서는 폐렴을 유발하는 S형 균과 폐렴을 유발하지 않는 R형 균이 있다는 것을 먼저 알아야 한다. 그러니까 살아 있는 S형 균을 주사한 쥐는 폐렴에 걸려 죽는다. 그러나 살아 있는 R형 균이나, 열처리로 죽은 S형 균을 주사한 쥐는 죽지 않는다. 그런데 열처리로 죽은 S형 균과 살아 있는 R형 균의 혼합물을 주사하면 폐렴에 걸려 죽고, 죽은 쥐의 혈액에서 살아 있는 S형 균이 발견된다. 죽은 S형 균에 있는 유전정보를 가진 어떤 물질이 R형 균 안으로 이동하였기 때문이다.

이렇게 형질전환을 시킨 물질이 무엇인지 찾기 위해 에이버리는, 열처리로 죽은 S형 폐렴균의 추출물에 단백질을 분해하는 효소, 당을 분해하는 효소, RNA를 분해하는 효소, DNA를 분해하는 효소를 각각 처리한 후, 여기에 살아 있는 R형의 폐렴균을 섞어서 키웠다. 그 결과 DNA 분해 효소를 제외한 나머지 모든 처리군에서 R형이 S형으로 바뀌는 것을 관찰할 수 있었다. 즉, DNA를 분해해버리면 폐렴균의 형질전환이 일어나지 않지만, 단백질이나 RNA를 분해한 경우에는 여전히 DNA가 남아 있게 되는데, 이 경우 폐렴구균의 형질이 바뀔 수 있다는 것을 의미하며, 이는 곧 DNA가 형질전환 물질임을 의미한다.

이후 1952년 허시와 체이스는 DNA가 형질전환 물질, 그러니까 유전물질인지를 확인하기 위해 더욱 정교한 실험을 진행하였다. 대장균을 감염시키는 바이러스에 단백질의 구성요소인 황Sulfur과 DNA의 구성요소인 인 Phosphate의 방사능 동위원소인 ^{35}S와 ^{32}P를 이용하여 각각 표지한 후, 이 바이러스를 대장균에 감염시켰다. 이후 대장균만 분리하여 여러 세대를 지나게 하였더니 DNA의 구성 물질인 인(P)의 방사능만 검출되었다. 이는 DNA가 유전물질이라는 확실한 증거가 되었다. 이 실험의 공로로 허시와 체이스는 1969년 노벨생리의학상을 받게 된다.

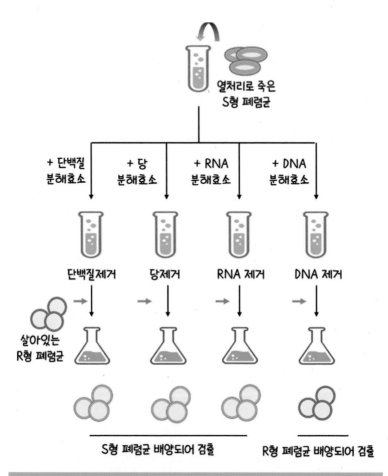

그림 1-6

에이버리의 유전물질 증명 실험.

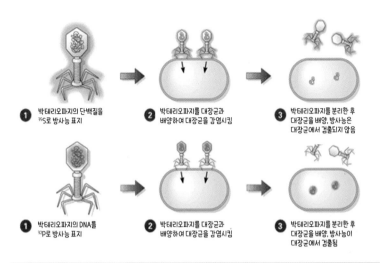

① 박테리오파지의 단백질을 ³⁵S로 방사능 표지 ② 박테리오파지를 대장균과 배양하여 대장균을 감염시킴 ③ 박테리오파지를 분리한 후 대장균을 배양, 방사능은 대장균에서 검출되지 않음

① 박테리오파지의 DNA를 ³²P로 방사능 표지 ② 박테리오파지를 대장균과 배양하여 대장균을 감염시킴 ③ 박테리오파지를 분리한 후 대장균을 배양, 방사능이 대장균에서 검출됨

그림 1-7

허시-체이스의 유전물질 증명 실험.

DNA의 특별한 구조

그럼 DNA는 도대체 어떤 구조를 가진 물질이기에 유전정보를 다음 세대로 전달할까?

1950년대 초, 이미 과학자들은 유전물질인 DNA의 실체를 밝히기 위해 치열한 경쟁을 하고 있었다. 허시-체이스의 연구 결과가 발표되고 난 이듬해인 1953년, DNA의 구조가 케임브리지대학의 프랜시스 크릭 F. Crick(1916~2004)과 그의 대학원생인 제임스 왓슨 J. D. Watson(1928~)에 의해 《네이처》지에 발표된다. 논문의 제목은 "디옥시리보스핵산의 분자적 구조". 단 2페이지로 이루어진, 인류 역사상 가장 중요한 연구논문은 다음과 같이 시작한다.

"우리는 생물학적으로 중요하다고 여겨지는 디옥시리보핵산염의 구조를 제시할 수 있기를 바랍니다We wish to suggest a structure for the salt of deoxyribose nucleic acid (D.N.A.). This structure has novel features which are of considerable biological interest."

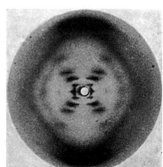

그림 1-8

크릭과 왓슨의 DNA 구조에 관한 《네이처》 논문과 가장 중요한 단서였던 X선 회절 사진.

극지과학자가 들려주는 똑똑한 유전자 이야기

이 논문에서 크릭과 왓슨은 DNA 구조로 당, 인산, 염기로 이루어진 핵산의 단위체인 뉴클레오타이드nucleotide가 반복하여 이어져 사슬처럼 일렬로 연결되어 있고, 이 사슬 두 가닥이 서로 마주 보며 결합하면서 만들어진 이중나선 모델을 제시하였다. 이중나선 모델의 배경에는 이른바 두 가지 결정적 힌트가 있었는데, 하나는 샤가프의 법칙Chargaff's rule, 다른 하나는 DNA의 구조에 대한 X선 회절 사진이었다.

샤가프의 법칙은 DNA를 구성하는 염기인 퓨린purine과 피리미딘 pyrimidine의 양이 서로 같다는 것이다. 화학구조상 퓨린은 링이 2개인 염기로 아데닌(A)과 구아닌(G)이 여기에 속하며, 피리미딘은 링이 하나인 염기로 시토신(C)과 티민(T)을 포함한다. 샤가프E. Chargaff(1905~2002)의 연구팀은 서로 다른 종에서 추출한 DNA에서 아데닌은 티민과 양이 같고, 구아닌은 시토신과 양이 같다는 것을 증명하였다. 두 번째 힌트는 로잘린드 프랭클린R. Franklin(1920~1958)의 DNA X선 회절 분석 사진이었다. 이 사진은 DNA의 염기들이 규칙적 형태로 결합하고 있음을 보여주며, 이는 DNA의 이중나선 구조를 밝히기 위한 가장 중요한 단서가 되었다.

1953년 크릭과 왓슨의 논문을 필두로 세 편의 논문이 《네이처》에 함께 발표되었고, 1962년 크릭, 왓슨, 윌킨스M. Wilkins(1916~2004) 세 명은 노벨의학상을 수상하였으나, 안타깝게도 프랭클린은 30대의 젊은 나이에 암으로 사망하는 바람에 노벨상을 받지 못하였다. 앞에서 언급된 DNA가 유전물질임을 증명한 에이버리도 훗날 공로는 인정받았으나 일찍 사망하여 노벨상을 받지 못하였다.

　DNA를 구성하는 뉴클레오타이드는 구성 성분인 염기의 모양과 화학구조에 의해 A-T, G-C 결합을 통해 서로 짝을 이루며 연결된 형태를 지니고 있다. 즉 아데닌은 티민과 염기쌍을 이루고, 구아닌은 시토신과 염기쌍을 이룬다. 이런 규칙성은 DNA를 구성하는 두 가닥 중 한쪽의 염기서열만 알면 다른 한쪽의 염기서열도 알 수 있음을 의미한다. 만약 한쪽 가닥의 염기서열의 순서가 -ACGC-라면 다른 한쪽 가닥의 염기서열은 -TGCG-가 되는 것이다.

　아이들을 위한 DNA 모델 모형으로 DNA 구조를 좀 더 쉽게 설명해보자. 그림 1-10을 보면 긴 젤리 가닥은 당과 인산으로 이루어진 기본 골

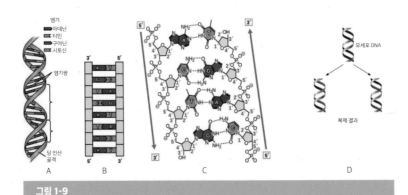

그림 1-9

DNA 구조의 특징: (A) 이중나선, (B) AT-GC 사이의 상보적 결합, (C) 역방향의 두 개의 상보적 가닥, (D) 반보존적 복제 방식.

극지과학자가 들려주는 똑똑한 유전자 이야기

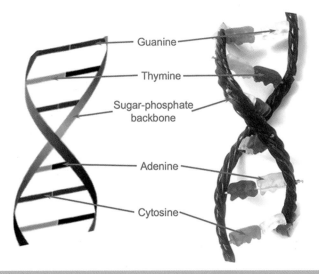

Guanine

Thymine

Sugar-phosphate
backbone

Adenine

Cytosine

그림 1-10

젤리로 만든 DNA 모형.

격이고 빨강, 녹색, 흰색, 노란색의 곰 젤리는 생명 정보를 담고 있는 염기
에 해당한다. 여러분이 만약 곰 젤리를 사용해서 DNA 모델을 만든다고
하면 두 개의 가닥 중 한쪽 가닥 곰 젤리의 색상 순서를 알면 다른 가닥
의 색상 정보 순서를 바로 알 수 있다. 염기 아데닌은 티민하고만 결합할
수 있고, 구아닌은 시토신하고만 결합할 수 있다는 것을 우리가 이미 알
고 있기 때문이다.

즉 이중나선 모델에서 제시된 'DNA의 상보적 염기 결합 모델'은 한쪽
가닥의 서열 정보만으로도 다른 쪽 가닥의 정보를 예측할 수 있음을 의

미하며, 이것이 DNA가 유전물질로 기능을 하는 가장 중요한 구조적인
특성이다.

센트럴도그마 가설

현대 생물학에서 한 개체의 세포가 가지는 DNA 총체를 게놈이라고
하는데, 한 개체에 있는 모든 세포는 동일한 수의 염색체와 유전정보를
가지므로 단 하나의 세포가 가지는 DNA만을 분석해도 전체 게놈 정보
를 알 수 있다. 인간의 세포핵에는 23쌍의 염색체, 즉 DNA 이중나선 가
닥이 46개 들어 있다. 46개의 가닥에 존재하는 염기쌍은 32억 개에 달
한다. 다시 말하자면, 인간의 게놈은 32억 염기쌍으로 구성되어 있다. 하
지만 이 모두가 유전자는 아니다. 인간의 경우 2만~2만 5,000개 정도의
유전자가 있다고 알려져 있는데, 인간 DNA 전체 염기배열 중 실제 유전
자가 차지하는 비율은 약 2%에 불과하다. 유전자는 DNA 서열의 여기
저기에 존재하는데, ATG로 시작하는 시작 신호에서부터 종결 신호까
지 연결된 하나의 유닛으로 존재하며, 이 서열은 세포 내에서 기능을 하
는 단백질을 만들어내는 코드가 된다.

DNA 구조 발견 이후 곧 크릭은 DNA의 유전정보가 어떻게 기능을
가진 세포 구성 물질이 되는지를 설명하는 '센트럴도그마'라는 가설을
내놓았다. 그 가설에 따르면 DNA의 유전정보는, DNA에서 DNA로 전
달되는 복제replication, DNA에서 RNA로 전달되는 전사transcription, RNA

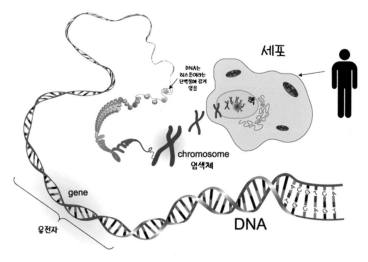

DNA는
히스톤이라는
단백질에 감겨
있음

세포

chromosome
염색체

핵

gene

유전자

DNA

게놈(Genome): 한 개체의 세포가 가지는 DNA 총체

그림 1-11

유전자는 DNA라는 유전물질에 암호화되어 있는 유전정보의 단위이다.

의 정보를 바탕으로 만들어지는 단백질 합성을 의미하는 번역translation,
이렇게 세 가지 형태로 정보가 전이된다. 뭔가 굉장히 어렵게 느껴지겠지
만, 요리책을 보고 파스타 요리를 한다고 가정해보자. 두꺼운 요리책 속
의 파스타 레시피를 유전자라고 할 때, 요리책을 똑같이 복사해서 요리
책 한 권을 또 만드는 것을 복제, 책에서 파스타 레시피만 복사하는 것을
전사, 복사한 파스타 레시피를 보고 파스타를 만드는 것을 번역이라고
생각하면 된다.

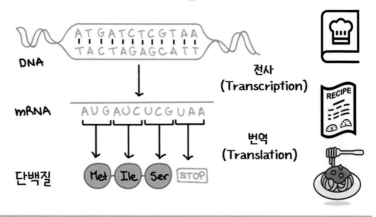

센트럴도그마 가설

그림 1-12

프랜시스 크릭의 '센트럴 도그마 가설'.

그렇다면 DNA가 전사되고 번역되는 과정이 어떻게 일어나는지, 누가 그 역할을 담당하는지 좀더 자세히 살펴보자. 그림 1-13처럼 세포가 분열할 때 DNA는 복제되어 각각의 새로 생겨난 세포로 들어가게 된다. 또 우리 몸에서 기능하는 단백질들이 필요할 때 이 DNA에 코딩된 유전자들로부터 전사와 번역이 일어난다. 앞서도 언급했듯이 이때 RNA라는 물질들이 중요한 역할을 한다.

RNA는 어떤 물질일까? RNA는 DNA처럼 당과 염기와 인산이 결합된 염기 분자인데, DNA와는 약간 다른 모양의 당을 가진 염기이다. 그런

극지과학자가 들려주는 똑똑한 유전자 이야기

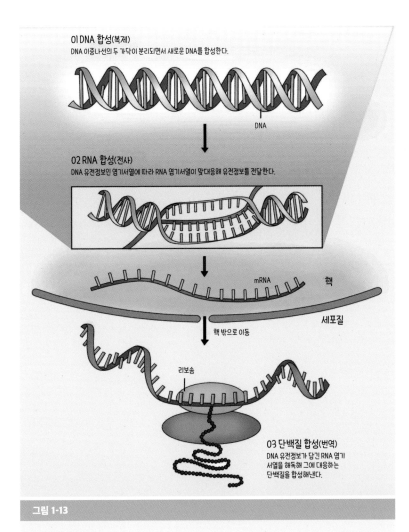

01 DNA 합성(복제)
DNA 이중나선의 두 가닥이 분리되면서 새로운 DNA를 합성한다.

DNA

02 RNA 합성(전사)
DNA 유전정보인 염기서열에 따라 RNA 염기서열이 맞대응해 유전정보를 전달한다.

mRNA

핵

세포질

핵 밖으로 이동

리보솜

03 단백질 합성(번역)
DNA 유전정보가 담긴 RNA 염기
서열을 해독해 그에 대응하는
단백질을 합성해낸다.

그림 1-13

DNA 전사·번역 과정.

데 RNA라는 물질은 mRNA, tRNA, rRNA, ncRNA 등 다양한 형태로 존재하며 세포 내에서 각기 다른 역할을 담당한다. 이 중 mRNA라는 물질은 메신저 RNA라고 불리는데, 이는 DNA의 유전자 정보를 복사해서 세포핵 밖으로 보내 단백질을 만드는 곳에 그 정보를 전달하는 역할을 한다. 다시 말하자면, 특정 단백질을 만들라는 신호가 세포에 전달되면 DNA에 담긴 유전자 정보가 세포의 핵 속에서 mRNA라는 물질을 통해 복사되고(전사 과정), 이 물질이 세포질로 이동하여 리보솜이라는 세포 내 기관으로 옮겨져 단백질을 만드는 데 쓰이는 것이다(번역 과정).

2. 인류 역사상 가장 놀라운 지도 – 유전체 지도

생물학 역사상 가장 많은 예산이 투입된 프로젝트는 인간 유전체 프로젝트였다. 1990년에 공식적으로 시작된 인간 게놈 프로젝트Human Genome Project, HGP(1990~2003)는 인간 게놈에 있는 23쌍의 염색체에 존재하는 약 32억 개 염기쌍의 서열을 밝히는 것을 목적으로 한 프로젝트였다. 총 4조라는 어마어마한 예산이 투입된 이 프로젝트에는 미국, 영국, 일본, 독일, 프랑스, 중국의 여섯 개 나라와, 셀레라지노믹스라는 민간 합동으로 진행되었다. 2000년도에 처음으로 초안이 발표된 인간 유전체의 표준 지도는 여러 명의 유전체를 모자이크 방식으로 섞어놓은 방식의

그림 1-14

인간 게놈의 23쌍의 염색체(좌), 《네이처》와 《사이언스》지에 나란히 발표된 인간 유전체 지도의 초안(우)

사람에게 나타나는 유전적 다양성.

유전체로서 호모사피엔스라는 종이 다른 생물과 어떤 서열이 다른지, 어떤 유전자를 가지는지에 대한 정보를 제공하였다.

인간 게놈 프로젝트

21세기 생물학의 패러다임을 바꾼 인간 게놈 프로젝트는 인간 유전자의 종류와 기능을 밝히고, 이를 통해 개인, 인종, 환자와 건강한 사람의 유전적 차이를 비교하여 궁극적으로 생명 현상의 메커니즘과 질병의 원인을 규명하고자 하였다. 따라서 첫 번째 인간 유전체 프로젝트가 완료된 이후에 진행된 포스트게놈 프로젝트들(Hapmap project, 1000 Genome project, ENCODE project 등)은 인간 집단 간의 유전적 변이를 밝히고자 하였다. 즉 집단이 가지고 있는 특별한 형질을 나타나게 하는 염기 서열의 차이를 찾고자 한 것이다. 여기서 집단이란 유럽인, 미국인, 한국인, 중국인 등 역사와 문화를 같이 한 민족일 수도, 혹은 유전적 질병을 가진 환자군일 수도 있다. 수천 년 동안 한반도에서 살아온 집단이 가지고 있는 유전적 특성은 무엇인지, 혹은 암과 같은 특정 질병을 지닌 이들이 가지고 있는 유전변이는 무엇인지, 이런 질문에 대한 답을 찾고 있는 것이다.

필자는 호모사피엔스이자 아시아계의 여성으로서 크지 않은 키에 쌍꺼풀이 없는 눈, 갈색 눈동자, 굵고 검은 머리카락을 가졌는데, 이 모든 정보는 내가 가진 세포 안의 유전체에 다 기록되어 있다. 필자의 유전체가 가지는 고유성을 쉽게 예를 들어 설명하자면, 내 유전체는 마우스 유전체와는 70~90%, 침팬지와는 98.5% 동일하며, 아시아계 여성 인간이 가지고 있는 유전체 정보와는 99.6%는 동일하고 0.4% 정도의 차이가 있다고 설명할 수 있다.

20년 전 4조라는 막대한 비용이 소요되었던 인간 유전체 분석은 염기 서열 분석 기술의 발달로 인해 이제 불과 300달러 정도에 가능해졌다. 이제 개인도 마음만 먹으면 자기의 유전체 정보를 얻을 수 있는 세상이 되었다. 우리는 건강검진을 하듯이 개인의 유전체를 검사하고 내가

그림 1-16

HGP 이후, 인간 유전체의 집단 간 변이를 찾기 위한 대규모 프로젝트들.

암에 걸릴 확률을 들여다볼 수 있다.

 이렇게 유전체 연구를 통해 얻은 정보를 활용해 희귀 유전질환 환자에게 유전자 치료약을 처방하며, 난임을 위한 체외 인공수정 시 유전적 결함이 있는 수정란을 배제하기도 한다. 유전체 정보는 인류의 삶을 바꾸어놓았다. 심지어 최근 대두되고 있는 크리스퍼 유전자 가위 기술은 원치 않는 유전자 부위를 얼마든지 개량할 수 있다고 한다. 놀랍지 않은가? 언젠가 인류는 '자연선택'이 아닌 '나의 선택'에 의한 셀프 진화를 하는 시대가 도래할지도 모른다.

 이쯤에서 영화 소개를 하나 할까 한다. 유전공학을 소재로 한 영화 중 가장 유명한 영화는 아마도 〈쥐라기공원〉이겠지만, 필자가 여러분께 꼭 추천하고 싶은 영화는 바로 〈가타카〉라는 영화이다. 우리나라에는 1998년도에 개봉한 영화로 리즈 시절의 에단호크와 우마써먼이 출연한다. 이 영화는 20여 년이 훌쩍 지난 지금은 고전 SF가 되었지만, 유전체

그림 1-17

영화 〈가타카〉(1997, 감독 앤드류 밀러). 인간의 유전자를 통제하는 미래를 표현한 영화이다.

디자인을 통해 태어난 우수한 형질만 가진 인간들이 지배하는 미래 사회에 인간의 사랑으로 태어난 열성 인간의 이야기를 매우 심도 있게 그려냈다. 유전적 통제를 하는 사회, 20년 전 영화 속에 벌어지는 충격적 미래가 지금은 유전자 편집 기술과 함께 분명 현실화되고 있다. 이 영화를 통해 우리는 과학기술의 개발을 어디까지 허용해야 하는가에 대한 윤리적 고민을 해볼 수 있다.

한편 영화의 생물학적인 디테일에 대해 짧게 언급해보면, 이 영화의 제목인 "GATTACA"는 AGCT 네 개의 염기를 나타낸다. 또한 영화 곳곳에 배치된 오브제들을 보면 감독의 생물학에 대한 위트가 뛰어난데, 일례로 주인공의 집에 표현된 이중나선 모양의 계단을 한번 보라. 다시 보아도 놀라운 디테일이다.

극지과학자가 들려주는 똑똑한 유전자 이야기

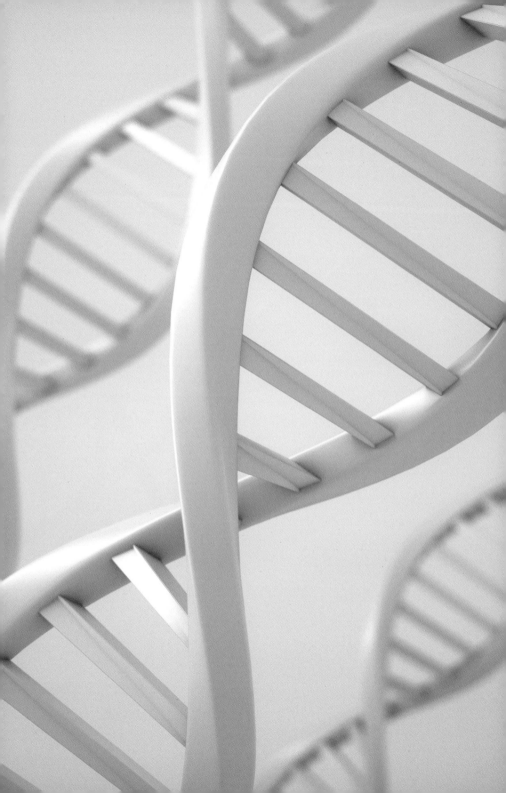

2장
진화와 적응

기술의 발달은 유전체 분석의 대상을 '인간 유전체'뿐만 아니라 지구 전체의 생물로 확장하게 하였다. 지구의 생물에 대해 논의하기 전에 우리는 진화와 적응의 개념을 이해할 필요가 있다. 이 장에서는 '진화'가 무엇인지, 그리고 현대 생물학에서 '적응'은 무엇을 의미하는 것인지에 대해 알아보자

1. 진화는 어떻게 일어날까?

생물학에서 진화란 '세대 혹은 집단 내에서 일어난 유전되는 특성의 변화'를 일컫는다. 진화는 생명의 기원을 설명할 수는 없지만 우리 주변의 생물이 어떻게 출현하게 되었는지, 또한 어떻게 적응과 변화를 이어왔는지를 이해하는 데 도움을 준다. 이때 유전되는 특성이란 동물의 털 색상, 새의 부리 모양이나 행동 습성과 같이 집단 내에서 세대를 걸쳐 전해지는 형질을 의미한다.

모든 생물은 생식을 통한 번식을 한다. 대장균이나 아메바 같은 단세포 생물이나 개나리, 벚나무와 같은 식물, 그리고 강아지, 고양이, 사람도 마찬가지이다. 생식은 영어로 'Reproduction = Re + production', 즉 재생산이란 의미를 가지고 있다. 이는 자신의 복사본을 만드는 행위라 할 수 있는데, 생물은 생식을 통해 자신의 유전정보가 담긴 DNA를 복제하고, 그 복제한 DNA를 미래 세대에게 전달한다.

아메바와 박테리아 같은 단세포생물들은 분열을 통해 생식을 한다. 하나의 세포가 두 개로 분열하는 과정 동안, 자기의 DNA를 똑같이 재생산한 후 세포의 양 극에 옮겨놓고 세포의 중간이 나뉘어진 후 각자 다시 완전한 크기로 자라게 된다. 모든 과정이 문제없이 진행된다면 정확히 서로 똑같은 두 개의 복사본이 생기게 되는 것이다.

그럼 개나 사람의 경우는 어떨까? 이 경우는 좀 더 복잡하다. 개를 예로 들어보자. 개는 생식을 하기 위해서는 암수 간의 짝짓기를 해야 하는데, 이때 아빠의 '절반의 DNA 정보가 담긴 정자 세포'와 엄마의 '절반의 DNA 정보가 담긴 난자 세포'가 만나 완전한 세포를 만든다. 이 세포 안에는 새끼 강아지가 생장 및 발달을 하는 데 필요한 모든 정보가 들어 있다. 강아지는 자라면서 아빠나 엄마의 형질을 그대로 가지면서도, 또한 나름의 고유한 특성을 가지기도 한다.

무성생식

단일부모
빠른 속도
부모와 동일한 자손
유전변이율이 낮다

유성생식

한쌍의 부모
속도가 비교적 느림
부모와 다른 고유 특성 있는 자손
유전변이율이 높아짐

고유한 특성   배우체   수정

그림 2-1

단세포생물의 무성생식과 포유류의 유성생식 비교.

극지과학자가 들려주는 똑똑한 유전자 이야기

돌연변이, 진화의 원동력

DNA 복제 과정은 문제없이 진행되는 것일까? 늘 그렇듯 자연에서 일어나는 일은 그렇게 완벽하지 않다. DNA의 복제를 맡은 효소들도 가끔 실수를 한다. 박테리아의 경우 1억~10억 염기쌍을 복제할 때마다, 사람의 경우 100개~1,000개의 염기쌍을 복제할 때마다 DNA 복제 과정에서 에러가 발생한다고 알려져 있다. 그뿐만 아니라 방사선이나 화학물질과 같은 외부 요인에 의해서 DNA 염기가 바뀌기도 한다. 이렇게 DNA 염기가 바뀌면 유전정보에 해당하는 유전자 코드도 바뀌는데, 이것을 우리는 '돌연변이mutation'라 일컫는다.

돌연변이는 처음에는 완전히 무작위로 우연에 의해 이루어지며, 세포의 형태나 기능의 변화를 초래한다. 변형된 DNA, 즉 돌연변이를 가지게 된 세포가 무사히 자라서 DNA 복제-세포분열을 반복하게 되면, 변이된 DNA와 이로 인해 바뀐 형질은 다음 세대에 전해진다. 가령 돌연변이를 통해 접힌 귀를 갖게 되고 이것이 후세에 전달된다면, 우리는 이를 두고 작은 진화가 일어났다고 말할 수 있다. 진화의 원리는 이렇듯 매우 간단하다.

한편 개나 사람의 (정자 세포와 난자 세포가 만나는) 유성생식의 경우, 정자와 난자가 가진 각각 절반의 양에 해당하는 DNA가 들어 있는 염색체가 서로 만나는데, 이때 염색체들 사이에 재조합recombination이 일어난다. 따라서 DNA의 어떤 부분은 엄마나 아빠 한쪽의 형질을 그대로 가

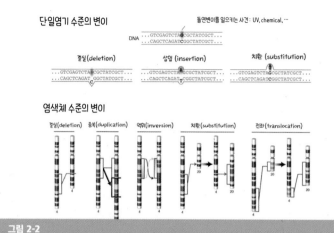

단일염기 수준의 변이

돌연변이를 일으키는 사건 : UV, chemical, …

DNA ...GTCGAGTCTAGCGCTATCGCT...
     ...CAGCTCAGATCGGCTATCGCT...

결실(deletion)	삽입 (insertion)	치환 (substitution)
...GTCGAGTCTAGCGCTATCGCT...	...GTCGAGTCTAGCGCTATCGCT...	...GTCGAGTCTAGCGCTATCGCT...
...CAGCTCAGAT GGCTATCGCT...	...CAGCTCAGAT CGGCTATCGCT...	...CAGCTCAGATCGGCTATCGCT...

염색체 수준의 변이

결실(deletion)	중복(duplication)	역위(inversion)	치환(substitution)	전좌(translocation)

그림 2-2

DNA 염기서열상의 돌연변이 발생의 예(위)와 염색체 재조합에 의한 변이(아래).

지고 오기도 하지만, 또 어떤 부분은 엄마와 아빠의 형질의 믹스로 나타나기도 한다. 이렇게 재조합된 형질은 다음 세대로 유전되며, 이는 후세에도 역시 반복된다. 앞서 언급한 DNA 복제 과정의 에러가 염기서열 상의 돌연변이를 일으킨다면, 재조합은 염색체 수준의 변이이다. 따라서 유성생식은 단순한 세포 분열보다 유전적 다형성genetic polymorphism을 가질 기회가 더 많은 셈이다.

돌연변이이든 재조합이든 DNA 상의 변이가 세대에 걸쳐 계속 반복되면, 집단 내 유전적 다형성이 증가하여 다양한 유전형질이 나타날 것이며, 이것은 진화의 원동력이 된다.

한편 돌연변이와 재조합 등을 통해 일어난 DNA 상의 변이는 여러 세대를 거치면서 극적인 효과를 나타낸다. 다시 개의 진화로 돌아가보자. 개는 회색늑대와 공통 조상을 가진다. 수만 년 전에 회색늑대 집단의 일부가 세대를 거친 진화를 하면서 현생 개의 조상 집단이 되었고, 사람들은 이들을 가축으로 이용하기 시작하였다. 유전자 연구와 화석 증거는 개가 적어도 3만 5,000여 년 전에 회색늑대 집단에서 분화되어 나온 것으로 보이며, 최소한 9,000년 전부터는 가축으로 키워졌다고 추정한다. 이후 사람들은 개에게서 원하는 형질을 목적과 취향에 따라 골라 인위적 교배를 반복함으로써 개의 형질 변화를 가속화시켰는데, 그 결과 각기 다른 형질을 가지는 수백 가지 이상의 품종이 만들어졌다.

개의 진화 과정은 인류의 역사와 함께한다고 보아야 할 것이다. 사람들이 식물과 동물을 그들 자신의 필요에 적응시키기 위해 수행한 선택적 육종 방법을 인공선택Artificial selection이라 부르는데, 가축과 작물에 대해 인류가 수천 년 동안 시행해온 인공선택은 시간이 지남에 따라 종내의 유전자 빈도 변화를 초래하였다. 뒤에서 다루게 될 '자연선택'이라는 용어는 다윈이 자연선택의 개념을 '사람에 의한 인공선택'과 비교하기 위해 사용하였다.

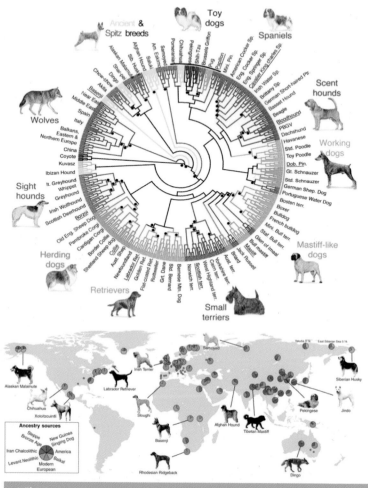

그림 2-3

개의 공통 조상으로부터의 진화계통도(위) 및 전 세계 개들의 유전적 기원(아래)(© Wayne R & Vonholdt B, Mammalian Genome, 2012(위), Bergström, A ., et al. Science, 2020(아래)).

2. 공통의 조상, 그리고 생명의 나무

모든 개가 하나의 조상에서 나왔다는 점은 틀림없는 사실이다. 그렇다면 사람과 개는 어떨까? 사람과 개도 지구 생명 역사에서는 머나먼 친척 관계이다. 심지어 여러분 책상에 있는 작은 화분의 식물과도 시간을 충분히 거슬러가면 같은 조상을 만난다. 1859년 찰스 다윈C. Darwin(1809~1882)은 그의 저서 《종의 기원》에서, "현재 지구상에 살아 있는 모든 생물은 하나의 마지막 공통 조상Last Universal Common Ancestor: LUCA을 가진다"는 개념을 처음으로 제시하였다. 그 마지막 공통 조상이 어디에서 어떻게 출현했는지는 알 수 없다. 하지만 진화적 관점에서, LUCA로 시작된 단세포 생명체가 수십억 년의 진화의 시간을 달려 현재의 생명 계통수를 완성하였다.

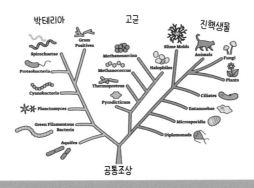

그림 2-4

공통의 조상에서 시작된 생명의 나무.

공통의 유전자들은 수많은 변이 과정을 거쳐 현재 생물들의 설계도를 만들어왔다. 꼬마선충의 앞뒤를 결정하는 유전자는 초파리의 마디 순서를 결정하는 유전자로 진화했고, 이들은 다시 척추동물의 등뼈 순서를 결정하는 유전자가 되었다. 이 유전자는 바로 HOX 유전자로서 동물의 배아 발생 과정에서, 머리에서부터 꼬리까지 축을 따라 몸의 구조와 각 마디의 기능을 조절하는 데 관련된 유전자군을 일컫는다. 이 유전자는 다양한 종에서 매우 잘 보존되어 있을 뿐 아니라 배열 순서 등도 매우 유사하게 위치하고 있다.

다윈은 《종의 기원》에서 지구에 최초의 공통조상으로부터 여러 종들이 갈라져 나오는 생명의 다양성을 '생명의 나무'라는 계통도를 통해 비교적 쉽게 설명하고자 하였다. 임의로 부여된 종들이 시간의 경과에 따라 더 많은 종들로 분화되는 것을 나타낸 이 계통수를 통해 다윈은 "처음에는 동일한 종 안의 작은 차이에서 출발한 분화는 세대를 거듭할수록 큰 차이를 나타내게 되며, 결국 서로 다른 종으로 분화하게 된다"라고 설명하였다. 이 시기는 멘델이 유전에 대한 개념을 최초로 이야기하던 시절이다. 당시 DNA의 구조는 물론이거니와, 유전이 되는 물질이 알려지지 않았음에도, 다윈은 진화에 대해 이토록 놀라운 성찰을 하였다.

극지과학자가 들려주는 똑똑한 유전자 이야기

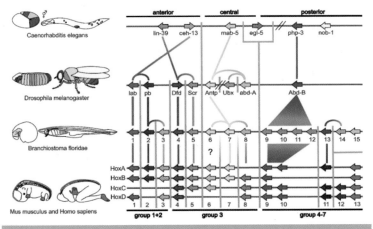

그림 2-5

모든 동물에 보존되어 있는 HOX 유전자는 수억 년의 진화를 거쳤다.

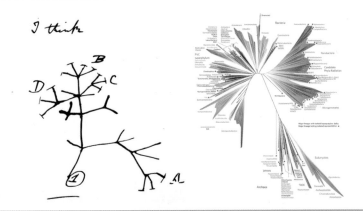

그림 2-6

다윈이 처음 제시한 Tree of Life(《종의 기원》, 1859, 좌), 현대적 관점의 Tree of life(© Hug et al. 2016, 우).

3. 자연선택과 적응

지구를 거쳐간, 혹은 지구에 존재하는 모든 생명체가 하나의 조상에서 기인했다는 것에 대한 증거는 매우 많다. 그러나 앞서 언급했듯이 DNA의 돌연변이가 순전히 무작위적으로 우연히 일어난다면, 어떻게 이렇게 많은 생물들이 복잡한 자연환경에 적응해왔는가? 진화의 방향은 돌연변이처럼 무작위적으로 일어나는가?

어떤 유전자의 변이에 의한 형질은 그들이 주어진 환경에 유리할 수도 혹은 불리할 수도 있다. 다윈은 '한 종 내 개체 간 특성을 나타내는 다

그림 2-7

다윈(좌)과 1859년 발간된 《종의 기원에 관하여》의 표지(우).

극지과학자가 들려주는 똑똑한 유전자 이야기

이 골짜기에는 쥐를 좋아하는 새가 살고 있었다.

쥐들의 번식기가 끝나고 다음세대가 태어났다

쥐의 한 개체군이 주변 암반의 색상이 어두운 골짜기로 이사를 왔다. 쥐는 자연변이로 인해 어떤 쥐들은 검정색이고 어떤 쥐들은 갈색이다.

포식자인 새에게 갈색쥐는 아주 잘 보이는 반면 주변의 바위색과 비슷한 검정쥐들은 잘보이지 않았기 때문에 새는 갈색쥐를 훨씬 더 많이 잡을 수 있었다. 살아남은 쥐들은 번식을 하여 자손을 낳았다.

검정쥐들이 더 많이 살아남았기 때문에 갈색쥐들보다 훨씬 더 많이 자손을 남길 수 있었고, 그 결과, 다음 세대에는 검정쥐들의 비율이 높게 나타났다.

그림 2-8

자연선택에 의한 진화 과정.

양한 변이', '변이의 대물림', '한정적 자원에 대한 경쟁', '환경에 대한 차별적 적합도', 이 네 가지를 진화의 원동력이라 설명했다. 즉 유전적 변이가 어떤 환경에 의해 선택되고, 그 변이의 빈도가 개체군 안에서 증가할 때, 이를 '자연선택'되었다고 하며, 이 과정이 오랜 시간 많은 세대를 거쳐 반복되면 생물 종은 서서히 변화하며 진화한다.

 진화는 결코 우연에 의해 일어나는 것이 아니다. 다만 돌연변이라는 무작위적 요소가 존재하며, '자연선택'이라는 선택적 방향을 가지는 조건에 부합하는 변이를 가진 개체들이 살아남아 변화하는 환경에 적응해나가는 것이다.

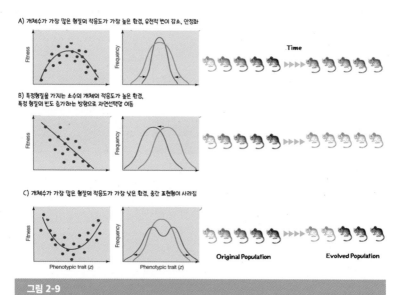

그림 2-9

자연선택은 적응도가 높은 형질의 방향으로 작동한다.

 자연선택은 어떤 형질을 가지는 개체들의 적응도, 즉 환경에 대한 차별적 적합도가 가장 높은 형질을 증가시키는 방향으로 작동한다(그림 2-9 참고).

 이 중 눈여겨볼 자연선택의 작동 기작은 그림의 예 중 두 번째에 해당하는 "방향적 자연선택"인데, 매우 큰 자연 변화가 짧은 시간 동안 이루어진 경우에 해당한다. 이 경우 소수의 특정 형질을 가지는 개체들의 적합도가 높기 때문에, 형질이 드라마틱하게 변화할 가능성이 크다. 극지

극지과학자가 들려주는 똑똑한 유전자 이야기

환경의 생물들이 여기에 해당할 가능성이 높다.

만약 빙하기 이전, 전 지구가 따뜻했던 시기에 남극 대륙으로 건너간 어떤 종이 빙하기를 겪은 후 남극에서 살아남았다고 가정해보자. 다윈의 자연선택 원리에 의하면, 이 종의 집단은 따뜻한 남극 대륙에서 풍부한 먹이를 얻으며 세대를 거쳐 번성하는 동안 무작위적으로 유전적 변이가 축적되었을 것이다. 이러한 변이들은 각각의 개체에게 앞으로 다가올 추위에 대한 서로 다른 내성을 부여한다. 그러다 빙하기가 닥치자 추

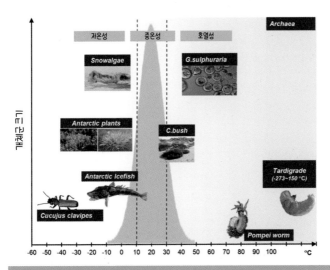

극단적 자연환경에 의해 선택된 다양한 극한 생물들.

위에 살아남을 수 있는 변이를 가진 개체만 살아남고 집단 내의 다른 개체들은 살아남지 못하게 되었다. 이러한 이벤트가 반복되면 결국 개체군 내에 추위를 견딜 수 있는 개체들만 남게 될 것이다. 다시 말해 '극심한 추위'라는 선택적 방향을 가지는 요소에 의해 부합하는 변이를 가진 개체들이 자연에 의해 선택되어 변화한 환경에 '적응'한 것이다.

이제 우리는 유전과 진화, 적응에 대해 알게 되었다. 지구의 역사에서 신생대 빙하기를 거치며 생성된 남극과 북극은 지난 수만 년간 생물에게는 진화와 적응의 거대한 실험장이었다. 그들은 어떤 유전적 차이가 있길래 변화한 자연에 성공적으로 적응한 것일까?

그리고 앞으로 다가올 미래에, 마지막 빙하까지 녹아버리는 순간이 오면 생태계는 어떤 방향으로 변화할 것인가?

그 역사의 현장으로 함께 떠나보자.

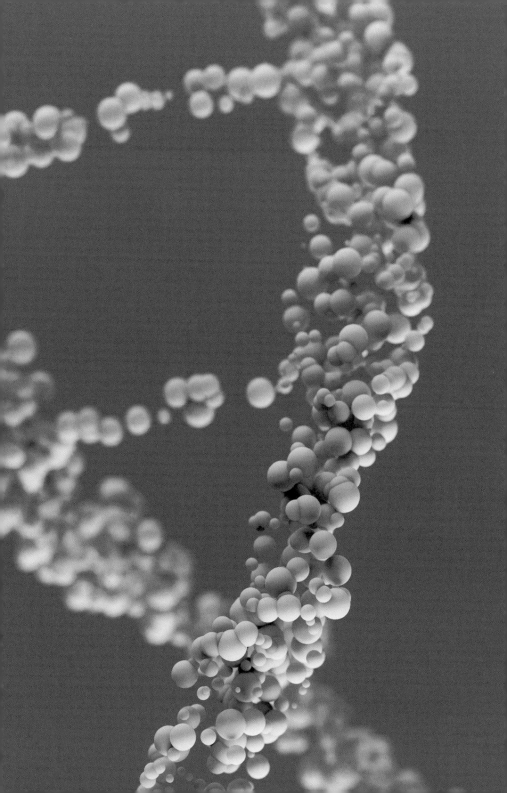

3장
재미있고 신비한
극지 생물의 유전자

북극곰, 펭귄, 고래, 물개, 순록…. 북극과 남극이라 하면 우리가 흔하게 떠올리는 동물들이다. 하지만 극지방에는 우리가 생각했던 것보다 훨씬 많은 종류의 동물들이 살고 있다.
그들은 극한 환경에 서식하기 위해 그들만의 독특한 생리적응 기작을 가지게 되었으며, 이것은 그들이 가지고 있는 유전자에 코딩되어 있다.

1. 펭귄, 너는 어디에서 왔니?

펭귄은 여러모로 다른 새들과 무척 다르다. 펭귄은 새이지만 하늘을 나는 대신 바닷속을 유영하는가 하면, 육지에서는 심지어 사람처럼 걸어 다닌다. 이 새들은 지느러미같이 생긴 날개를 가지는가 하면, 반짝거리며 윤기 나는 검은 깃털 때문에 마치 멋진 양복을 차려입은 것처럼 보인다. 이들의 행동 패턴 역시 다른 새들과 매우 다른데, 남극의 추운 겨울 동안 무리 지어 허들링을 하는 모습이나, 추위로부터 알을 안전하게 보호하기 위한 아빠 펭귄의 모습은 우리에게 큰 감동을 선사한다.

우리가 흔히 펭귄 하면 떠올리는 펭귄들은 남극에 서식하는 황제펭귄이지만, 실제로는 남극뿐만 아니라 호주나 뉴질랜드, 남아프리카공화국, 아르헨티나, 갈라파고스섬 등 적도 주변부터 남극까지 남반구의 여러 지역에 다양한 종류의 펭귄이 서식하고 있다.

그림 3-1

세계의 펭귄들.

펭귄은 오랫동안 과학자들과 일반 대중의 관심을 끌었지만, 이들의 진화의 역사는 최근에야 밝혀졌다. 펭귄은 조강 펭귄목에 속하는 새로서, 현재 6속 18종(황제, 임금, 젠투, 턱끈, 아델리, 노란눈, 귀족, 마카로니, 선눈썹, 남쪽 바위뛰기, 북쪽 바위뛰기, 피오르드랜드, 스네어스, 훔볼트, 마젤란, 아프리카, 갈라파고스, 꼬마)에 이른다.

펭귄의 조상은 처음부터 남극에 살았을까? 그 답은 NO이다. 게다가 펭귄의 조상은 지금보다 훨씬 큰, 성인 사람만 한 덩치를 가지는 새들이었다. 2017년 세상에 알려진 쿠미마누 비체*Kuminano viceae* 화석이 바로 그 증거이다. 이 화석은 독일의 젠켄베르그 박물관 연구팀에 의해 뉴질랜드 오타고 일대에서 발견되었는데, 이는 멸종된 고대 펭귄이 무려 160cm의 길이를 가지며 신생대 팔레오세, 즉 약 6,500만에서 5,500만 년 전에 살았을 것이라는 주장을 뒷받침하였다. 이 펭귄이 살던 시기의

극지과학자가 들려주는 똑똑한 유전자 이야기

뉴질랜드와 남극은 지금보다 훨씬 따뜻했으며, 남극은 숲으로 울창했다. 과학자들은 다이빙 조류인 펭귄이 먹이를 놓고 바다 포유류와 경쟁하면서 점점 크기가 작아졌을 것이라 예상한다. 이후에도 크로스발리아 와이파렌시스*Crossvallia waiparensis*라는 거대 펭귄 화석이 뉴질랜드의 와이파라그린샌드 지역에서 발견되었다.

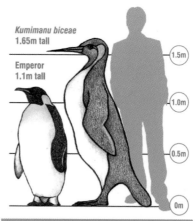

그림 3-2

고대 펭귄의 예상 크기(Illustrated by Tess Cole).

그렇다면 이들은 언제 뉴질랜드에서 남극, 적도, 남아메리카 등지로 떠났을까? 그리고 이들이 남극에서 살아남을 수 있었던 원인은 무엇일까?

최근 유전체 연구는 이 질문의 답에 대한 실마리를 제공하였다. 칠레, 미국, 오스트레일리아, 브라질, 유럽 등 전 세계 박물관 및 대학으로 구성된 합동 연구팀은 펭귄 목에 포함된 18종의 펭귄에서 혈액과 조직 샘플을 수집한 뒤, 이로부터 DNA를 추출하고 서열을 분석함으로써 펭귄목 전체의 유전체 지도를 완성하였다. 과학자들은 유전체 지도가 주는 정보를 바탕으로 수백만 년 동안의 펭귄 무리의 이동과 종 분화 과정을 추

적합으로써 이들의 고향은 어디이며, 이들의 다양성이 언제 어디에서부터 기인하는지를 밝혀냈다.

이러한 연구기법을 계통학과 집단유전(체)학이라고 한다. 계통학은 생물분류군의 조상, 즉 생물의 족보체계를 찾아내는 학문이며, 집단유전(체)학은 집단이 나타내는 유전형질들의 지리적 분포와 유전, 생태학적 연관성 등을 연구하는 유전학과 진화학의 한 분야이다. 예전에는 불과 몇 종의 유전자를 사용하여 계통 관계나 유전형질 등을 연구하였으나, 최근에는 미토콘드리아나 핵에 들어 있는 유전자 전체, 즉 유전체 정보를 기반으로 결과를 도출한다.

미토콘드리아 유전체는 계통의 역사를 알려주는 이정표 역할을 한다. 미토콘드리아 유전체 정보에 의한 계통의 역사는 황제펭귄속(황제펭귄, 임금펭귄)이 가장 먼저 분지되었음을 확인해주었다. 펭귄의 조상은 2,200만 년 전, 신생대 마이오세 즈음 뉴질랜드와 호주에서 나타났고, 이후 황제펭귄과 임금펭귄의 조상들은 남극으로 이주하기 시작하였다. 아마도 당시 남극의 풍부한 식량 자원을 이용하기 위한 것이라 생각된다. 이는 오랫동안 논쟁이 되어왔던 펭귄의 계통 시나리오, 즉 황제펭귄과 임금펭귄 종이 다른 모든 펭귄 종과 계통분류학상 자매 집단이라는 가설을 뒷받침하는 근거가 되었다

한편 다른 펭귄들은 1,200만여 년 전에 남아메리카 남단과 남극 대륙 사이의 드레이크 해협이 열리면서 남쪽 대양으로 퍼져나가게 되는데,

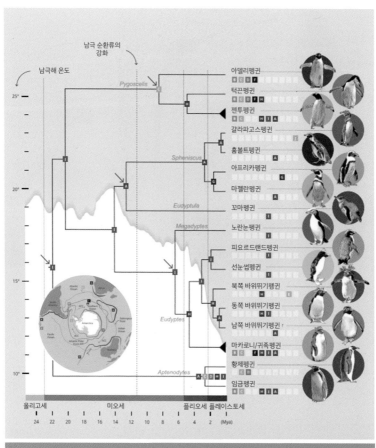

그림 3-3

펭귄의 진화와 계통분지시계(© Vianna, J. et al. PNAS 2020).

그림 3-4

펭귄 진화 역사의 아이콘들.

이들은 빠른 남극순환류를 따라 남극대륙 주위의 섬들과 남아메리카
와 남아프리카의 해안에 정착하고 집단을 이루어, 주어진 환경에 적응·
진화해온 것으로 보인다.

유전체 데이터는 진화의 역사 동안, 펭귄 집단 사이에 유전물질의 교
환이 빈번히 일어났음을 보여주었다. 특히 바위뛰기rockhopper 펭귄의 경
우, 수백만 년 동안 근연종과 최소 4번의 교잡을 한 것으로 보이는데, 이
과정을 거치면서 이 펭귄종은 다른 근연종의 유전형을 획득하게 된다.

극지과학자가 들려주는 똑똑한 유전자 이야기

결과적으로 이 같은 유전적 이벤트는 펭귄의 종분화를 더욱더 촉진했으리라 생각된다.

펭귄의 환경 적응 비결은?

펭귄은 영하 30~40도의 극지부터 따뜻한 해류가 흐르는 적도까지, 다양한 온도에서 서식하는 조류이다. 펭귄은 극한 환경에서 살아남기 위해 여러 가지 유전자들을 진화시켜왔다.

펭귄 유전체에 있는 1만 5,000여 개의 코딩 유전자 가운데 104개의 유전자가 진화 과정에서 선발된 것으로 보인다. 이들은 크게 두 그룹으로 나뉘는데, 한 가지는 세포의 일차적 기능과 관련된 유전자 그룹이고, 다른 하나는 면역 기능을 비롯하여 추위를 이기기 위한 온도 조절 능력, 더 깊은 바닷물까지의 다이빙을 가능하게 해주는 산소 대사 능력, 다양한 염분 환경에 적응하기 위한 삼투 조절 능력 등 특정 표현 형질에 영향을 미치는 유전자 그룹이다.

마지막으로 유전체 정보와 지질학적 시간에 대한 수리적 분석은 100만 년 전에 살았던 고대 펭귄의 개체군 크기를 예측해냈다. 4만 년에서 7만 년 전 사이, 대부분의 펭귄 종들의 개체수가 드라마틱하게 증가하였다. 반면 젠투펭귄과 같은 종들의 경우, 최근 100만 년 동안 그 개체수가 감소하는 경향을 보였는데, 이는 최근의 기후온난화와 관련이 있다는 증거들이 제시되었다.

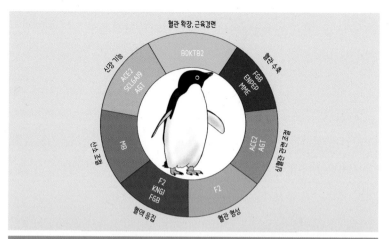

그림 3-5

자연선택에 의해 진화해온 펭귄의 환경 적응 유전자들.

어떤 의미에서 자연선택은 매우 냉정하다. 자연은 끊임없이 변화한다. 자연이 변화하는 속도와 생물이 반응하는 속도가 균형을 이룬다면 여기에 적응한 생물은 더욱 더 번성하겠지만, 자연이 변화하는 속도를 따라가지 못하는 종의 개체군은 감소하게 될 것이고, 이는 결과적으로 종의 존재 자체를 위협하게 될 것이다.

극지과학자가 들려주는 똑똑한 유전자 이야기

맛을 느끼는 감각도 동물의 종류마다 다르게 나타난다. 그런데 척추동물 중 가장 심각한 미맹인 종이 펭귄이라면? 2015년 미시건대학의 진화생물학 교수인 지안지 장Jianzhi George Zhang 교수팀은 펭귄이 심각한 미맹이라는 사실을 밝혀냈다.

사람과 같은 포유류가 다섯 가지 맛, 즉 단맛, 쓴맛, 감칠맛, 짠맛, 신맛을 느끼는 반면, 조류는 단맛을 제외한 네 가지 맛만 느낄 수 있다. 이는 척추동물의 맛을 감지하는 수용체 TAS1RTaste 1 Receptor 유전자군 가운데 TAS1R2가 진화 과정에서 사라졌기 때문이다.

그렇다면 TAS1R라는 유전자는 무엇일까? TAS1R 유전자는 세포막 결합 수용체의 한 종류이다. 이 유전자들이 코딩하는 단백질은 혼자서는 그 기능을 못 하지만 이중복합체를 형성할 때 기능을 한다. 즉 그림 3-6과 같이 TAS1R 수용체 단백질은 TAS1R1형과 TAS1R3형이 이중복합체를 형성하면 MSG 맛과 같은 감칠맛을 느낄 수 있고, TAS1R2형과 TASR3형이 이중복합체를 형성하면 설탕의 단맛을 느끼게 된다. 16종의 조류 게놈을 확인한 결과 16종의 조류 모두 TAS1R2가 소실되어 있음을 확인하였고, TAS1R3까지 가지고 있지 않음을 확인하였다. 그뿐만 아니라 쓴맛을 느끼는 TAS2R 유전자 역시 기능이 상실된 형태로 가지고 있는 게 아닌가. 한편 감칠맛, 단맛, 쓴맛을 감지하여 그 신호를 뇌로 전달하는 기능을 하는 단백질인 Trpm5 역시 기능이 소실된 형태로 발견되었다. 음식의 맛은 미각뿐만 아니라 후각도 큰 영향을 미친다. 그렇다면 '맛은 못 느끼는 대신 후각은 발달하지 않았을까?'라고 생각할 수 있지만,

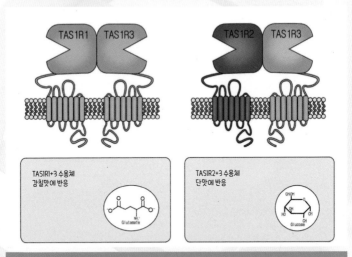

TAS1R1 TAS1R3

TAS1R2 TAS1R3

TAS1R1+3 수용체
감칠맛에 반응

Glutamate

TAS1R2+3 수용체
단맛에 반응

Glucose

그림 3-6

맛수용체 TAS1R. 이들의 조합에 따라 느낄 수 있는 맛의 종류가 다르다.

안타깝게도 후각 수용체도 다른 물새들에 비해 감소했다. 결국 펭귄은 혀로는 신맛과 짠맛만 느낀다는 것인데, 감칠맛 나는 새우도 펭귄에게는 그저 소금물처럼 짠 음식임이 틀림없다.

2. 투명한 피를 가진 남극빙어

남극의 최고 인기 스타는 펭귄이나 혹등고래겠지만, 남극의 바닷속에는 다양하고 신비한 생명체들의 세상이 펼쳐진다. 바닷속으로 잠수복을 입고 내려가면, 빙하 아래 극단적인 환경에 적응하여 살고 있는 아웃사이더들이 하나둘 모습을 드러낸다. 그중 아이스피쉬라 불리는 남극빙어Crocodile icefish, Channichthyidae는 커다란 머리와 삼킨 먹이가 훤하게 보이는 투명한 몸 때문에 사람들의 이목을 끌어왔다. 암치목에 속하는 물고기로서 남극대륙 주변의 남빙양에서 주로 발견된다. 빙하 아래 차가운 바다에서 살 수 있는 이 물고기 종의 특별한 능력은 오랜 시간 동안 많은 해양생물학자들을 매료시키기에 충분하였다.

2019년 극지연구소를 비롯한 국제공동연구팀은 3만 773개의 유전자가 포함된 남극빙어의 유전체지도를 공개하였다. 이들은 수천만 년의 진화 과정 동안 남극빙어가 어떻게 이런 환경에서 살아남았는지를 알기 위해 이들의 유전체를 가까운 친척 물고기들의 유전체 정보들과 비교했다. 그러자 자연선택의 결과물들이 그대로 드러났다.

꽁꽁 얼고 녹기를 반복하는 남극의 바다에서 얼음의 손상으로부터 세포를 보호할 수 있는 결빙방지단백질Antifreeze glycoprotein: AFGP과 난세포막 단백질을 코딩하는 Zona pellucida 유전자가 남극빙어의 유전체에는 고도로 확장되어 있었다. 더욱이 세포내 산화환원 상태를 조절하여 유전체 내에 활성산소의 독성을 억제하는 단백질인 NQONAD(P)H:

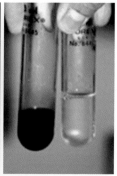

그림 3-7

투명한 몸을 지닌 남극빙어(좌)와 남극빙어의 투명한 혈액(우).

quinone acceptor oxidoreductase 유전자 및 SOD3Superoxide dismutase 3 유전자군 역시 상대적으로 많았는데, 이는 아마도 차가운 남극 바다의 높은 용존 산소에 대한 진화적 적응으로 추정된다.

오랜 진화의 시간 동안 위에 열거된 유전자군은 남극빙어의 유전체 내부에서 확장해온 반면, 잃어버린 유전자군들도 있었다. 남극빙어는 투명한 체색이 말해주듯 하얀색의 피를 가졌다. 이는 혈액을 붉게 만드는 헤모글로빈 단백질이 없기 때문이다. 헤모글로빈은 체내로 산소를 운반하는 역할을 한다. 용존산소가 풍부한 남극 바닷물에서, 상대적으로 쓰임이 적은 헤모글로빈 유전자를 도태시키는 형태로 남극빙어는 진화하였다. 또한 이 종은 극지의 극단적인 광주기인 백야와 극야를 오랜 기간 겪어왔는데, 이 종의 유전체에는 생체 시계와 관련된 유전자인 피리

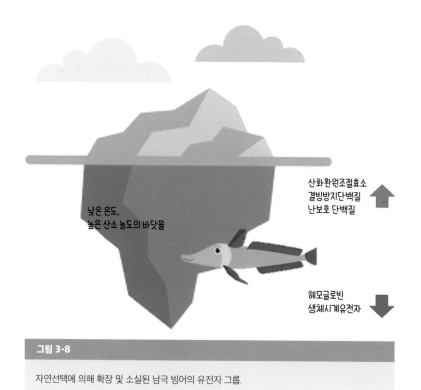

낮은 온도,
높은 산소 농도의 바닷물

산화환원조절효소
결빙방지단백질
난보호 단백질

헤모글로빈
생체시계유전자

그림 3-8

자연선택에 의해 확장 및 소실된 남극 빙어의 유전자 그룹.

어드Period 유전자와 광수용체 역할을 하는 크립토크롬Cryptochrome 유전
자의 손실이 있음이 확인되었다.

3. 얼음을 얼지 않게 하는 얼음결합단백질

극지 생물에서 공통적으로 많이 발견되는 특이한 유전자를 꼽으라면 단연 얼음결합단백질을 들 수 있다. 얼음결합단백질Ice-binding protein: IBP 은 얼음의 표면에 결합하여 얼음의 성장을 억제하거나 혹은 촉진시키는 단백질들을 말한다. 얼음결합단백질은 1960년대 후반에 드프리스

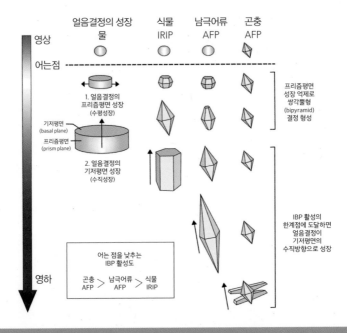

그림 3-9

얼음결합 단백질의 종류에 따른 얼음 성장 억제 양상.

극지과학자가 들려주는 똑똑한 유전자 이야기

박사Dr. DeVries가 남극대구라는 물고기의 혈액에서 부동단백질Antifreeze glycoprotein: AFGP을 분리하면서 세상에 알려졌다. 남극대구뿐 아니라 다양한 생물군에서 다양한 형태로 발견되는데, 이들은 모두 얼음에 결합하는 특성을 가지고 있다.

얼음결합단백질들의 활성은 얼음결합단백질이 얼음 평면에 결합하는 패턴의 차이에서 달라진다. 순수한 물이 어는 과정에서 얼음은 디스크 모양을 가지며 기저 방향 및 수직 방향으로 성장하는데, 이때 얼음결합단백질이 첨가되면 얼음은 다양한 육각형 형태를 가지게 된다. 그리고 얼음결합단백질의 활성에 따라 얼음의 성장은 그림과 같이 억제되는데, 곤충의 AFP 얼음결합단백질의 경우 얼음의 수평, 수직 성장을 다 억제하기 때문에 얼음생장 억제효과가 가장 높다고 알려져 있다.

한편 빙하에 살고 있는 미세조류들이나 눈에 덮이기 일쑤인 극지 식물들은 시시때때로 얼음이 얼었다 녹았다 하는 상황을 맞이하게 된다. 한번 형성된 얼음결정이 녹지 않고 더 커지게 되면 세포에 치명적인 손상을 일으키게 되는데, 이를 얼음재결정화Ice Recrystalization: IR 과정이라 한다. 이때 얼음결합단백질은 얼음의 표면에 결합하여 결정의 생장을 억제한다. 이를 IRIIce Recrystalization Inhibition 활성이라 부른다. 식물과 빙하 미세조류의 얼음결합단백질은 IRI, 즉 얼음재결정화 억제 활성이 높다. 식물세포 내 체액이 어는점에 도달하면 다수의 작은 얼음결정들이 세포 바깥 부분의 아포플라스트apoplast라는 공간에 생긴다. 얼음결합단백

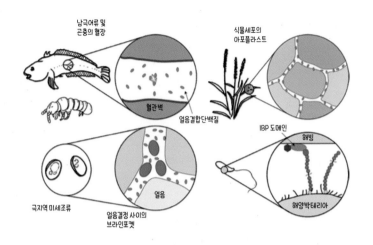

남극어류 및
곤충의 혈장

식물세포의
아포플라스트

혈관벽

얼음결합단백질

IBP 도메인

해빙

극지역 미세조류

얼음결정 사이의
브라인포켓

얼음

해양박테리아

그림 3-10

극지 및 호냉성 생물에서 발견되는 얼음결합단백질의 생태학적 기능.

질은 세포 사이의 액상 부분에 생긴 얼음결정의 표면에 달라붙어 얼음
결정이 더 커지는 것을 막음으로써 극지에 살고 있는 식물들이 -40도
가 넘는 혹한의 겨울을 견디게 한다. 해빙과 빙하에 서식하는 미세조류
의 얼음결합단백질 역시 높은 수준의 IRI 활성을 가지고 있다고 알려져
있다. 이들은 세포 외부로 분비되어 미세조류를 둘러싼 액상층에서 얼
음결정의 생장을 억제하여 브라인포켓brine pocket이라는 액체층을 형성
하게 하는데, 해빙 생태계에서 브라인포켓은 박테리아 및 플랑크톤의 매
우 중요한 서식처이다.

얼음결합단백질은 다양한 형태의 진화 산물

얼음결합단백질은 얼음에 결합한다는 특성을 공유하고 있지만, 놀랍도록 다양한 구조를 가지고 있다. 현재까지 밝혀진 크리스탈 결정구조에 의하면, 얼음결합단백질은 소형 구형 단백질에서부터 알파나선 구조, 베타헬릭스 구조 등 다양한 구조를 가지고 있다. 이러한 점은 이들이 지구의 남북극이 얼어붙고 빙하가 발달했던 신생대 마이오세~플라이스토세를 거쳐 독립적으로 발생했을 것이라는 사실을 뒷받침한다. 만약 계통학적으로 하나의 유전자로부터 진화해온 유전자라면 단백질에 조상으로부터 내려온 구조가 남아 있게 된다. 일례로 책의 앞부분에서 잠시 언급되었던 공통조상으로부터 진화해온 HOX 유전자는 그 기능이 유사한 동시에, 이들 서열에는 조상 유전자의 특성이 잘 보존되어 있다. 그러나 얼음결합단백질의 경우, 이들은 얼음에 결합한다는 기능은 서로 비슷하지만, 단백질의 형태는 모두 제각각이다. 이러한 점은 여러 종에서 발견되는 얼음결합단백질이 모두 다른 유래를 가지고 있음을 의미한다.

이들 단백질은 계통적으로 관련이 없는 단백질들이 극한 환경에 적응한 결과 유사한 모습과 기능을 가지는 것을 보여주었다. 이렇게 유사한 선택압력으로 인해 유사한 형질이 서로 무관한 분류군에서 일어나는 것을 우리는 종종 목격한다. 예를 들면 이러한 생물학적 현상은 '적응을 통한 표현형의 수렴Adaptive phenotypic convergence'이 일어났다고 여겨지며, 이를 수렴진화라 부른다. 또 어류와 고래는 서로 다른 조상을 가지지만,

물속에서 생활하도록 적응한 결과 헤엄을 치기 위한 앞지느러미와 같은 뼈 구조를 가지게 되었으며, 날다람쥐나 박쥐 역시 포유류지만 새처럼 날기 위해 날개와 비슷한 형태의 기관을 가지게 되었다.

이러한 현상이 생물의 외형적 표현형에서뿐만 아니라 DNA 염기서열 수준에서도 폭넓게 나타나는 것이 최근 분자유전학 연구에서 밝혀지고 있다. 얼음결합단백질 역시 서로 다른 기원을 가졌으나, 비슷한 기능을 가지는 단백질들로서, 이는 분자 수준의 수렴진화라 할 수 있겠다.

한편 미세조류나 균류에서 발견되는 얼음결합단백질들의 일부는 박테리아가 본래 가지고 있는 유전자가 다른 종으로 전해진 사례로, 일명 수평적 유전자 이동HGT 또는 lateral gene transfer: LGT에 의해 이루어졌을 것이라 생각된다. 이러한 증거는 얼음결합단백질의 계통도에서 찾을 수 있는데, 얼음결합단백질에서 찾을 수 있는 솔레노이드 형태(선을 긴 원통형에 코일 모양으로 감은 모양)를 가지는 단백질 구조를 만드는 서열은 박테리아, 규조류, 조류, 곰팡이 및 효모 등 다양한 분류군에서 함께 발견되며, 그 기원은 플라보박테리아의 유전자임이 밝혀졌다.

수평적 유전자 이동은 생식에 의하지 않고 개체에서 개체로 유전형질이 이동되는 현상을 가리키는 유전학의 개념이다. 한마디로 개체와 개체 사이, 종과 종 사이에서 유전자를 주고 받는 현상을 의미하는데, 이러한 현상은 처음에는 세균 사이에서 주로 일어난다고 생각되었다. 그러다 박테리아나 바이러스의 유전자가 원생생물, 미세조류, 곰팡이, 동식물에게

얼음결합단백질서열

얼음결합단백질이 수평적 유전자 이동에 의한 것임을 보여주는 분자계통도. 16S rRNA는 종간의 계통을 뚜렷이 보여주지만(아래) 얼음결합단백질의 서열은 분류군과 관계없이 혼재되어 나타나며, 모든 분자에 박테리아 서열이 나타남을 알 수 있다(위). 이는 얼음결합단백질이 박테리아의 특정 단백질에서 유래했을 가능성을 보여준다(© Vance, T.D.R. et al. FEBS J. 2019).

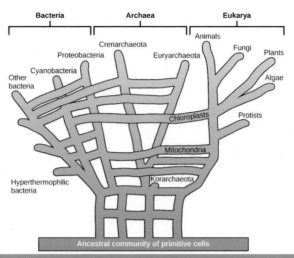

그림 3-12

'생명의 나무' 이론에 수평적 유전자 이동의 개념을 더한 "Web of Life".

까지 옮겨진 사례들이 속속 보고되었다. 주로 기생관계 혹은 공생관계의 생물들 사이에서 일어나는 것으로 보인다. 가령 2015년 케임브리지 대학의 크리스피 연구팀에 의하면, 인간의 경우에도 145개의 외부 유전자들이 인간 유전체로 삽입된 것으로 확인되었는데, 이들은 주로 박테리아, 진균류, 원생생물 등에서 온 것으로, 바이러스가 이를 매개한 것으로 보인다.

극지과학자가 들려주는 똑똑한 유전자 이야기

4. 지구 최강의 동물, 물곰

수평적 유전자 이동설로 매우 큰 이슈가 되었던 생물은 지구 최강 생물로 알려진 물곰, 바로 완보동물tardigrade이다. 남극에서도 종종 발견되는 이 동물은 높은 방사능에도 생존하는 끈질긴 생명력으로 유명하다. 이 동물은 2007년 유럽우주국의 우주실험에서 살아남는가 하면, 지난 2019년에는 1km 두께의 빙하를 시추하여 닿은 남극의 메르세르 호수에서 이 녀석의 사체가 발견되어 또 한 번 유명세를 타기도 하였다.

2015년 노스캐롤라이나 대학의 연구팀은 물곰의 생명력이 질긴 이

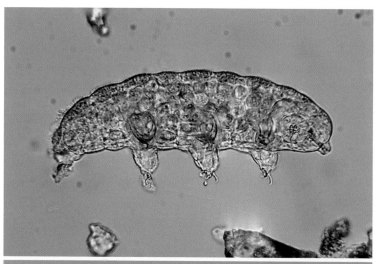

그림 3-13

지구 최강 생존 능력을 가진 완보동물, 물곰.

유가 유전체 속에 외부 유전체의 비율이 높기 때문이라고《미국 국립과학원회보PNAS》에 발표하였다. 당시 연구팀은 6,000개에 달하는 물곰 DNA의 염기서열을 분석한 결과, 유전체의 6분의 1 정도(17.5%)가 외부에서 유입된 '수평적 유전자 이동'의 결과라고 주장하였다. 이를 두고 국내에서도 물곰의 생명력이 강한 이유가 바로 이 HGT, 즉 수평적 유전자이동 때문이라고 앞다투어 보도하였다. 그러나 웬걸, 물곰의 유전체에서 발견되었던 외부 DNA의 흔적은 HGT가 아니라 '실험에 사용되었던 샘플이 깨끗하지 않아서'라는 반박 논문들이 바로 발표되었다.

물곰은 네 쌍의 다리를 가진 아주 작은 수생동물로서 해양, 담수, 육상 환경 등 다양한 환경에서 1,000여 종이 보고되었다. 이들은 생식을 하기 위해서는 수분이 필요하지만, 건조 및 스트레스 환경에서 몸속의 수분을 스스로 밖으로 빼어내는 탈수가사 상태anhydrobiosis, cryptobiosis를 유도한다. 이 상태에서 −273~100도의 온도, 7.5기가파스칼의 엄청난 고압, 유기용매, 치명적인 방사능 물질이나, 우주 공간, 심지어 진공 상태에서도 살아남는다.

이들은 위험한 상황에 노출되면 몸의 모양을 바꾼다. 흡사 단단한 껍질로 둘러싸인 둥그런 공모양Tun state의 탈수가사 상태로 돌입하여 이 상태로 모든 신진대사를 정지시키며 생명활동을 멈춘다. 이러한 상태로 장기간 휴면 상태에 돌입하게 되는데, 다시 환경이 좋아지면 불과 수시간만에 몸이 원상태로 돌아온다. 이 과정에는 트레할로오스trehalose라 불

극지과학자가 들려주는 똑똑한 유전자 이야기

리는 다당류뿐 아니라 여러 가지 스트레스 내성 유전자들이 기능을 한다고 알려져 있다.

사실 이러한 탈수 방식의 신진대사 억제를 채택하는 동물들은 자연계에 꽤 존재한다. 브라인쉬림프brine shrimp라 불리는 알테미아artemia, 윤형동물인 로티퍼rotifer, 그리고 일부 선충류 등이 그러한 종인데 건조 환경에서는 탈수 과정을 통해 몸의 크기를 최소화하고, 딱딱한 껍질로 둘러싸인 시스트cyst 상태가 된다. 이 상태가 되면, 생물학적 활성이 거의 없는 가역적 휴면 상태에 돌입하게 된다. 그러다 다시 주변 환경에 물이 공급되면 원래의 몸으로 돌아와서 정상적 대사활동을 시작한다.

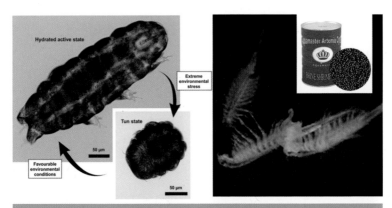

그림 3-14

완보동물(좌) 및 브라인쉬림프(우)와 이들의 휴면 상태에 해당하는 시스트 모양. 브라인쉬림프의 시스트는 양식장의 주된 먹이 공급원으로 쓰이기도 한다(© Neves R.C. et al. Commun. Integr. Biol. 2020).

논란의 HGT설은 일본의 연구팀이 가장 스트레스 내성이 강하다고 알려진 물곰인 *Ramazzottius varioratus*의 유전체 분석 결과를 통해 정면으로 반박했다. 이들의 유전체 분석 결과에서는 외부의 DNA가 1.2% 이하에 불과했다.

한편 물곰의 유전자 레퍼토리 분석 결과, 물곰 유전체에서도 특정 유전자 그룹의 확장과 소실을 확인할 수 있었다. 물곰의 유전체에는 스트레스 환경에서 생기는 활성산소종의 세포 독성을 줄이는 슈퍼옥시드 디스무타아제Superoxide dismutase: SOD 유전자들과 DNA 손상을 수리하는 단백질을 코딩하는 MRE 유전자들의 수가 증가되어 있을 뿐만 아니라 새로운 형태의 완보동물 특이적 유전자들Damage suppressor: Dsup을 발견하였는데, 이들 단백질들은 X레이로부터 DNA를 보호하는 역할을 하는 것으로 밝혀졌다.

건조환경에서 발현되는 물곰의 전사체transcriptome 연구는 물곰이 스트레스 조건에 놓일 때 발현이 증가하는 유전자군들을 찾아냈다. 전사체 연구란 DNA의 유전자 영역에서 전사되어 나온 mRNA의 구성을 조사하는 연구 방법이다. 생명 현상을 나타내는 정보는 유전체에 암호화되어 있기 때문에 유전체를 분석하면, 각 생명체가 가진 유전자가 무엇인고 이들이 어떤 특징을 가지는지 파악할 수 있다. 하지만 유전체에 들어 있는 모든 유전자가 늘 발현되는 것은 아니며, 생명체는 자신이 가진 유전자를 특정 상황에 맞게 발현시켜 외부 환경에 대응한다. 어떤 상황이

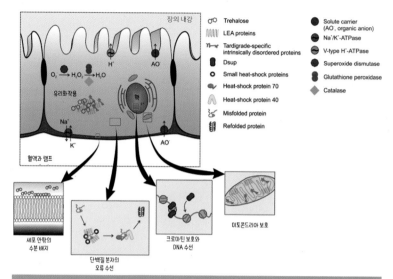

그림 3-15

물곰의 세포가 탈수가사 상태에 돌입할 때 발현되는 세포 내 유전자들(© Neves R.C. et al. Commun. Integr. Biol. 2020).

든 발현되는 수준이 높은 유전자들을 우리는 하우스키핑housekeeping 유전자라 부르며, 특정 조건에서 발현되는 유전자들을 조건특이적 발현 유전자라 부른다.

물곰의 전사체 연구 결과, 물곰의 세포가 탈수가사 상태에 돌입할 때 세포의 필수적인 단백질을 보호하기 위해 특별한 유전자들의 발현을 증가시키는 것이 확인되었다. 이들 특별한 유전자들이란, 세포의 구조 유지에 도움을 준다고 알려진 트레할로스trehalose, 합성유전자, TSD

Tadigrade-specific intrinsically disordered protein 및 LEALate Embryogenesis Abundant protein와 같은 생체보호 단백질, 긴 아미노산 사슬이 단백질의 3차 구조를 만들 때 잘못 만들어지는 오류를 막아주는 분자 샤페론molecular chaperone, 세포 안팎의 이온 항상성 유지에 필요한 막수송 단백질, 활성산소로부터 세포를 보호하는 항산화제, DNA에 직접 결합하여 예기치 못한 DNA의 손상을 막아주는 단백질들이다. 이들 유전자의 기능은 아직까지 명확히 알려지지는 않았지만 이들의 세포 안에서의 메커니즘을 규명한다면, 물곰의 생존 미스터리를 풀 날이 곧 올 것이다.

극지과학자가 들려주는 똑똑한 유전자 이야기

5. 북극곰의 초고속 진화

북극곰은 바다곰이라 불릴 만큼 헤엄을 잘 치는, 북극의 최상위 포식자이다. 북극곰은 바다표범 등을 통해 고열량의 지방을 섭취하여 혹독한 환경에 적응해왔으나, 현재는 온난화 영향으로 인해 서식지와 먹이가 감소되어 멸종위기에 처해 있다.

북극곰의 조상은 그리즐리라고 불리는 불곰으로, 빙하기 이후에 분화가 되었으리라 예측될 만큼 불곰과 계통적으로 매우 가깝다. 아마 전지구가 온난했던 시기에 북극으로 이주한 불곰들이 대빙하기에 고립되었고 새로운 환경에 매우 빠르게 적응한 결과라 생각된다.

북극곰이 불곰으로부터 분리된 시기를 예측하기 위해 생물학자들은 북극 지역에서 발견된 고대 곰의 턱뼈를 연구했다. 턱뼈의 안정동위원소 분석과 미토콘드리아 유전체 분석 연구 등을 통해 그 시기가 예측되었으나, 분화 시기에 대해서는 논란이 있어왔다. 2017년에 《Cell》지에 발표된 집단 유전체 연구는 북극곰이 북극의 해양과 먹이에 적응하기까지 불과 수십만 년의 시간이 걸렸다고 추정하였다. 이는 크기가 큰 포유류 종에게는 전례 없는 빠른 진화라 할 수 있다. 이 제한된 시간 동안 북극곰은 북극 해빙의 환경에 독특하게 적응하여 세계에서 가장 혹독한 기후와 가장 열악한 조건에 서식할 수 있게 된 것이다.

그 짧은 시간 동안 어떤 유전적 변이가 있었길래 북극곰은 불곰과 다른 특성을 가지게 된 것일까? 앞서도 언급하였듯이 집단 내, 개체마다 가지는 DNA 염기서열의 차이를 유전적 다형성genetic polymorphism이라 하고, 이러한 유전적 변이를 통해 개인 간의 형질이 다르게 표현된다. 사람을 예로 들자면, 곱슬머리와 직모, 눈동자의 색깔 등의 형질 차이는 그들이 가지고 있는 DNA 염기쌍의 차이에 의해 발현되는 것이다.

유전적 다형성은 같은 유전자이면서도 염기서열이 조금씩 바뀌어 있는 것을 의미한다. 유전자의 다형성은 유전자의 염기서열이 어떤 식으로 바뀌었는지, 즉 변이의 종류에 따라 구분할 수 있다. 유전자를 구성하는 염기서열에서 변이는 다양한 방식으로 나타나는데, 대표적인 변이 방식은 다음과 같다. 유전 서열 중 ① 하나의 염기서열이 바뀐 경우를 단일염기 다형성single nucleotide polymorphism: SNP이라고 하며, ② 짧은 염기서열이 단위가 되어 반복하되, 그 반복 횟수가 다른 경우를 짧은 연쇄반복 변이short tandem repeat variation: SRV, ③ 비교적 긴 염기서열 단위(주로 1,000개 이상의 염기서열)가 반복되어 나타나는 경우는 복제수변이 다형성copy number variant polymorphism: CNV이라 한다.

그럼 이러한 변이가 일어난 결과는 어떻게 될까? 변이가 단백질을 암호화하는 유전자의 코딩 영역에 일어날 경우, 유전자가 코딩하는 단백질이 만들어지지 않거나 혹은 기능의 변화가 생길 수 있다. 또한 특정 유전자를 포함한 영역이 중복되어 반복되는 경우 해당 유전자가 유전체 내에 중복 확장되어 나타날 수 있는데, 이는 특정 유전자군이 강화되는 결과를 초래한다. 이러한 특징들은 환경에 적응하기 위한 진화 수단이 될

극지과학자가 들려주는 똑똑한 유전자 이야기

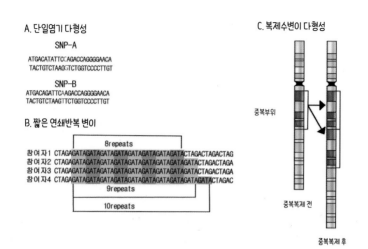

A. 단일염기 다형성

SNP-A

ATGACATATTCCAGACCAGGGGAACA
TACTGTCTAAGGTCTGGTCCCCTTGT

SNP-B

ATGACAGATTCAAGACCAGGGGAACA
TACTGTCTAAGTTCTGGTCCCCTTGT

B. 짧은 연쇄반복 변이

8 repeats

참여자1 CTAGAGATAGATAGATAGATAGATAGATAGATACTAGACTAGACTAG
참여자2 CTAGAGATAGATAGATAGATAGATAGATAGATAGATACTAGACTAGA
참여자3 CTAGAGATAGATAGATAGATAGATAGATAGATAGATAGATACTAGACTAGA
참여자4 CTAGAGATAGATAGATAGATAGATAGATAGATAGATAGATAGATACTAGAC

9 repeats

10 repeats

C. 복제수변이 다형성

중복부위

중복복제 전

중복복제 후

그림 3-16

유전적 다형성의 예. A. 단일염기 다형성(SNP): 하나의 염기가 다른 염기정보로 치환된 변이이다.
B. 짧은 연쇄반복 변이|short tandem repeat variation: 1~25쌍의 짧은 염기서열이 반복해서 나타나는 변이
로 개체마다 반복수의 차이가 있다. C. 복제수변이 다형성copy number variation polymorphism: 주로 비교
적 긴(1kb 이상) 염기서열이 반복되는 경우를 의미한다. 이는 특정 영역이 복제 과정에서 복제, 재배
열 과정을 거치면서 염색체 내의 copy 수가 변하는 경우이다.

수 있다.

북극곰의 진화를 설명해줄 집단유전체 연구를 위해 오르후스 대학의
룬 디에츠R. Dietz 교수와 그린란드 천연자원연구소의 에릭 본E. Born은 무
려 30년 이상 북극곰의 조직 및 혈액 샘플을 수집하였다. 이들의 유전체
분석을 위해 스웨덴, 핀란드, 알래스카 빙하 국립공원과 알래스카 해안
에 있는 아드미랄티Admiralty, 바라노프Baranof 및 치차고프Chichagof(ABC)

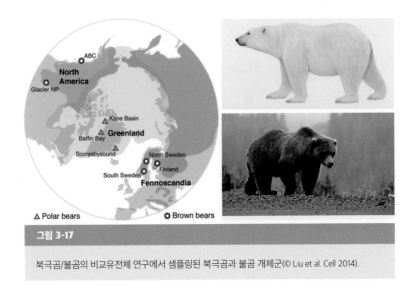

섬에서 온 79마리의 그린란드 북극곰과 10마리의 불곰에서 채취한 혈액 및 조직 샘플에서 뽑은 DNA가 사용되었다.

북극곰과 불곰은 계통발생학적으로 매우 가깝지만, 생태학적 지위는 뚜렷이 차이가 나기 때문에, 위에서 설명한 유전적 변이에 의한 진화 연구를 하기에 매우 이상적이다. 각국의 연구팀들은 북극곰, 불곰, 흑곰의 유전체 정보를 바탕으로 2만여 개의 유전자에 대한 단일염기 다형성SNP과 복제수변이 다형성CNV을 조사해, 어떤 유전자가 진화적으로 선택되었는지 밝혀냈다.

연구 결과, 북극의 혹독한 기후가 갈색의 털을 투명하게 만들었을 뿐아니라 체내의 지방대사, 혈액 응고, 심혈관 조직, 체색, 항상성 유지, 영양 및 소화효소, 후각과 관련된 유전자들을 변화시켰음을 알 수 있었는데, 이러한 변이 패턴은 모두 곰의 섭식 및 생태적 지위와 밀접한 관련이 있었다.

북극곰의 식단은 주로 지방이 풍부한 해양 포유류로 구성된다. 북극곰은 고지방, 고칼로리 식단을 통해 추운 기후에 적응했지만, 지방 위주의 식단으로 인한 다량의 지방 축적과 높은 혈중 콜레스테롤 수치 때문에 심혈관계 질환 위험에 늘 노출될 가능성이 있다.

북극곰의 유전체에서 자연선택에 의한 변이가 이루어졌을 것이라 예측된 유전자들 중에는 지방단백질lipoprotein인 APOB 유전자가 포함되었다. APOB 유전자 변이의 중요성은 다른 많은 포유류에서도 연구되었는데, APOB 단백질의 유전적 변이는 혈중 콜레스테롤 및 LDL 농도와 연관이 있으며, 동맥경화와 같은 심혈관 질환들과 강한 인과관계가 있는 것으로 알려져 있다.

북극곰의 경우 지방으로 구성된 식단 전환이 APOB 유전자의 변이를 유도한 것으로 보인다. 북극곰은 대조군인 판다곰이나 불곰에 비해, APOB 유전자의 무려 9개 위치에서 단일염기 다형성 돌연변이가 고정적으로 나타났으며, 이 돌연변이들은 APOB 단백질의 지질 수송을 위한 기능적 도메인 영역에 위치하였다. 이러한 APOB 유전자의 뚜렷한 차이가 북극곰이 상당히 많은 양의 지방을 섭취함에도 불구하고, 혈액 속에 콜레스테롤을 축적하지 않는 이유라 예상된다. 우리는 이를 참고

하여 심혈관 질환의 치료법을 북극곰의 APOB 유전자에서 찾을 수도 있을 것이다. 연구진은 APOB 외에도 8개의 심혈관 기능 유전자들이 높은 자연선택압을 받고 있음을 확인하였다. 여기에는 심장근육 조직 형성, 심근세포 분화, 혈관세포, 수송단백질, 발병기전과 관련된 TTN, XIRP1, ALPK3, VCL, EHD3, ARID5B, ABCC6, CUL7 등이 포함되었다.

누구나 흰 눈 위의 북극곰을 보면 어떻게 북극곰이 눈처럼 희고 투명한 털을 갖게 되었는지 궁금할 것이다. 북극곰의 흰 털은 털 속에 색소가 부족하여 나타나는 현상이다. 연구진은 색소 침착과 관련된 LYST 유전자가 그 원인이라는 가설을 세웠다. LYST 돌연변이는 멜라닌을 생성하는 멜라노솜melanosome이라는 세포 내 소기관이 제대로 작동하지 못하도록 하는데, 북극곰은 이 유전자 영역에서 많은 돌연변이를 가지고 있는 것으로 확인되었다. 북극곰의 LYST 돌연변이는 LYST 단백질의 멜라닌 생성과 수송 기능을 저해하여 북극곰의 털에 색소 결핍을 유발하는 것이라 예측할 수 있다.

한편 북극곰 유전체는 복제수 변이 다형성Copy number variation polymorphism의 비율 또한 매우 높았다. 200개에 가까운 유전자에서 북극곰 종과 불곰 종 사이의 유전자 복제수에 차이가 있었다. 북극곰 계통에서 복제수 변이는 주로 특정 기능의 유전자 수가 감소하는 방향으로 진행되었다. 특히 많은 수의 후각수용체 유전자들이 북극곰에서 훨씬 더 낮은 복제

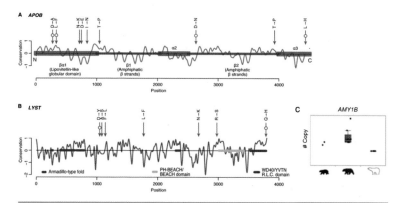

그림 3-18

북극곰의 주요 유전자 변이. A-B. 지방산 대사와 관련된 APOB 단백질 코딩 유전자와 털색과 관련된 LYST 단백질 코딩 유전자에서 단일 염기 다형성 변이에 의해 나타난 아미노산 치환(ⓒ Liu et al. Cell 2014), C. 북극곰의 아밀라아제 코딩 유전자의 복제수 감소 변이(ⓒ Rinker et al. PNAS 2019).

수를 가지는 것으로 밝혀졌다. 또한 타액 아밀라아제amylase를 코딩하는 유전자인 AMY1B 유전자의 복제수 역시 불곰에 비해 현저히 적었다. 북극곰에서 나타나는 복제수 변이 다형성의 패턴은 환경 적응 과정에서 일어난 잡식성에서 육식성으로의 전환에 대한 유전자 진화 과정으로 보인다.

6. 피즐리와 그롤라 - 이종교배

최근 극 지역의 온난화로 인해 빙하가 감소하여 서식지를 잃어가고 있는 북극곰Polar bear, *Ursus arctos*은 먹이를 찾아 남하하고, 불곰Grizzly, *Ursus maritimus*은 따뜻해진 북극으로 북상하는 까닭에 이전에는 분리되었던 서식지가 겹쳐지면서, 두 종 사이의 잡종 혼혈곰의 목격이 증가하고 있다. 이들은 같은 속이지만 별개의 종으로 분류되는 북극곰과 불곰의 이종교배 결과인데, 이들을 피즐리Pizzly 혹은 그롤라Grolar라 부른다.

흔히 이종교배는 자연계에서는 나타나지 않으며, 우연히 나타난다고 하더라도 이들은 생식적 능력이 없어 자연적으로 도태된다고 알려져 있다. 그러나 북극곰과 불곰 사이에 태어난 피즐리는 그렇지 않은 것으로 보인다.

2006년에 캐나다의 북극권 영토에서 한 사냥꾼의 총에 맞아 죽은 곰이 북극곰인지 아닌지를 조사하던 중에, DNA 검사를 통해 이 곰이 불곰 아비와 북극곰 어미 사이에 태어난 혼혈잡종임이 처음으로 확인되었다. 최근에는 캐나다에서 피즐리곰의 2세대가 확인되면서 이들 사이의 번식이 가능하다는 것도 확인되었다. 피즐리곰은 크림색의 털로 뒤덮여 있지만 긴 발톱, 굽은 등, 갸름한 얼굴, 갈색 패치 등 불곰의 특징도 가지고 있는데, 특히 피즐리곰의 두개골과 어금니의 구조와 형태는 최소한 북극곰에 비해 향후 섭식 및 생존에 유리할 것이라는 주장도 있다. 왜냐하면 북극곰의 턱과 이빨이 주로 지방질이 풍부한 고기를 먹도록 진화한 것과 달리, 피즐리는 불곰처럼 식물의 줄기나 뿌리도 먹을 수 있는 튼튼한 턱과 이빨을 가졌기 때문이다.

기후변화는 현재 수많은 종에 막대한 영향을 주고 있다. 지구온난화로 인한 집단의 서식 반경 변화는 오랫동안 격리되어왔던 집단이 만나는 계기가 되었다. 빙하가 녹으며 만나게 된 북극고래와 긴수염고래, 일각고래와 흰돌고래 사이의 혼혈종이 발견될 뿐 아니라, 늑대와 코요테 사이의 혼혈종인 코이요테는 점점 더 그 수가 늘어나고 있는 중이다. 북극곰이 살고 있는 북극 해빙은 실제 어마어마하게 빠른 속도로 녹고 있다. 북극곰은 자신들의 멸종위기를 이종교배를 통해 유전자를 남기는 방법으로 타협하려는 것일까?

북극곰은 불곰으로부터 수십만 년 전에 분화되었지만, 피즐리의 존재는 에른스트 마이어E. W. Myer(1904~2005)의 종의 개념, 즉 "다른 모든 종들을 제외한 자기들끼리만 번식할 수 있는 생식적으로 격리된 집단"이라는 기본 정의에 의문을 제기하지 않을 수 없다. 에른스트가 주장한 대로 인공적으로 이종교배된 사자와 호랑이 사이에서 태어난 라이거나 당나귀와 말 사이에서 태어난 노새 등은 잡종으로 태어났다고 할지라도 더 이상 자손을 남길 수 없다. 하지만 피즐리의 예는, 자연계에서 일어나는 이종교배의 결과가 반드시 생식적 도태를 의미하지 않음을 시사한다. 또한 2017년 발표된 4종의 곰의 유전체 분석 결과 북극곰은 불곰의 유전자뿐만 아니라 지리적으로 격리된 아시아 말레이곰과도 유전자를 공유하는 것으로 확인되었는데, 이 과정에는 전 세계적으로 널리 퍼져 있는 갈색곰이 매개전달체 기능을 했을 것이다. 연구진은 북극곰의 집단의 크기는 수백만 년에 걸쳐 기후변화 정도에 따라 변화해왔던 것으로 보이며, 그 사이사이에 갈색곰과 교배가 이루어져 둘 사이의 유전자가 서로 교환된 것으로 보인다고 추정하였다. 이러한 사실들은 이종교배가 수만 년 전부터 자연계에서 일어나고 있었던 현상임을 의미한다. 사실 박테리아가 아닌, 진핵생물의 종간 이종교배는 종종 불임을 초래하기 때문에 진화론적으로 크게 중요하지 않다고 간주되어왔지만, 식물학자들은 일부 식물 종들의 경우 이종교배를 통한 유전물질의 교환이 식물 진화의

그림 3-19

독일의 한 동물원에서 지내던 이란성쌍둥이 피즐리곰 형제.

극지과학자가 들려주는 똑똑한 유전자 이야기

중요한 동인임을 이미 알고 있었다. 최근 유전체 정보가 속속들이 알려지면서 많은 진핵생물의 유전체에 다른 종에서 유래한 유전자들이 존재한다는 사실이 알려졌다. 이종교배에 의한 유전물질의 교환 현상이 모든 생물계에 해당한다는 가설이 주목받고 있다.

7. 고래의 비밀

펭귄, 바다새, 물범, 남극 물고기들의 먹이는 바로 남극 바다에 살고 있는 크릴이라는 작은 새우이다. 남극 바다에는 어마어마한 양의 크릴이 살고 있는데, 이 맛있는 먹이를 먹으러 해마다 수천 킬로미터 먼 바다로부터 오는 손님이 있으니 바로 대왕고래Blue whale와 혹등고래Humpback whale이다. 세종기지 앞바다에도 혹등고래 가족이 종종 놀러오는데 그때마다 대원들은 한참을 바다를 바라보며 어미와 새끼들에게 반가운 인사를 건넨다.

바다에 사는 거대한 포유류인 고래는 많은 사람의 호기심을 자극한다. 고래는 크게 이빨고래와 수염고래로 나뉘는데, 이빨고래는 돌고래나 범고래, 향유고래와 같이 이빨이 있는 고래종들이다. 우리가 일반적으로 고래 하면 떠올리는 아주 큰 녀석들은 수염고래에 속하는 경우가 많다. 혹등고래, 밍크고래, 대왕고래, 북극고래 등이 이에 속하며, 이들 중 다수가 극 지역의 바다에 머무르며 생활을 한다.

현재 진화의 역사에서 고래와 가장 가까운 친척은 하마라고 알려져 있다. 털이 없고 물속에서 새끼를 낳으며, 수중음향을 이용하여 의사소통을 하는 등 많은 공통 형질이 존재한다. 게다가 파키스탄에서 발견된 고대 화석은 5,000만 년 전 지구에 나타났던 현생 고래의 조상 암블로세투스Ambulocetus의 것으로, 이들은 네 발을 가지고 있으며, 이것의 머리뼈와 척추뼈는 육상과 물속에서 모두 생활할 수 있는 능력을 가지고 있음을 우리에게 보여주었다.

고래, 돌고래, 상괭이를 포함하는 현생 고래류의 조상은 에오세(약 5,000만~3,700만 년 전의 시기) 동안 육상생활에서 수중생활로 완전히 전환하였다. 육지에서 바다로 들어가기 위해 앞발은 지느러미로 변하고, 뒷발은 완전히 퇴화하였으며, 엄청난 잠수 실력을 가지게 되었고, 이들 중 일부는 거대한 몸집을 얻었다. 고래가 새로운 서식지에 적응하여 번성하는 동안 일어난 변화는 포유동물 역사상 가장 두드러진 진화 과정 중 하나이다.

바다에서 생존하기 위해 선택한 유전자와 버린 유전자

그렇다면 바다에서 육지로, 다시 육지에서 바다로 들어가게 된 고래는 어떻게 그런 능력을 얻게 된 것일까? 이 동물 진화의 비밀을 알기 위해 고래의 DNA를 분석하는 연구가 세계 각국 다수의 연구팀에 의해 진행되었다. 그중에서도 세계 최초의 고래 유전체 결과는 대한민국의 연구팀에 의해 공개되었다. 2014년, 우리나라의 해양과학기술원은 수염고래의 일종인 밍크고래의 유전체를 분석한 결과를 발표하였고, 이후 혹등고래(미국), 북극고래(영국), 향유고래 (미국/스페인), 흰긴수염고래라고도 불리는 대왕고래(독일과 스웨덴)의 유전체 분석 결과가 차례로 발표되었다.

고래는 일생을 수중에서 생활하는 포유동물이다. 이들은 아가미를 통해 자유롭게 호흡을 하는 물고기와 달리 폐로 호흡을 한다. 즉 숨을 참고 깊은 바닷속을 잠수하는 것이다. 향유고래는 무려 90분 동안 2,000km 아래까지 잠수를 한다고 한다. 고래는 산소 운반 저장과 관련된 해부생리학적 변화를 통해 장시간 동안 잠수를 할 수 있는 능력을 얻었다. 산소를 효율적으로 저장하고 운반하기 위해 혈액량을 증가시켰으며, 혈액, 근육, 뇌 조직에서 헤모글로빈, 미오글로빈, 뉴로글로빈 단백질의 농도를 높였다. 특히 고래는 근육조직에 다른 포유류보다 9배나 많은 미오글로빈을 가지는데, 다량의 단백질들이 서로 엉키지 않고 일정하게 배열되어 미오글로빈 단백질의 표면에 더 많은 양전하를 가지도록 특별하게 진화시켰다.

고래 유전체 연구는 고래의 진화 과정을 이해할 수 있는 단서를 제공해왔다. 고래의 오랜 진화 과정 동안 특정 유전자군들이 선택된 반면, 물속에서 생활하게 되면서 쓸모가 없어진 유전자군은 축소되었다. 신경계, 삼투조절, 산소의 저장과 운반, 혈액순환 또는 뼈의 미세구조 형성과 관련된 기능 유전자들이 선택되었다. 그러나 물속에서 생활하게 되면서 쓸모가 없어진 기능에 대해서는 다량의 유전자 소실이 일어났는데, 많은 수의 후각 수용체, 미각 수용체, 체온 유지를 위한 열발생 유전자, 케톤 합성효소, 빛의 파장에 민감한 반응을 하는 옵신 유전자, 모발의 케라틴 관련 유전자와 피부조직 리모델링 유전자들이 여기에 해당한다. 혈전 형성 유전자와 멜라토닌 합성 유전자 및 수용체 유전자 등은 고래의 초기 분화 시기부터 소실되었을 것이라 생각된다.

극지과학자가 들려주는 똑똑한 유전자 이야기

특히 멜라토닌 합성 혹은 수용체 유전자는 고래의 수면과 밀접한 관련이 있다. 고래의 수면은 흥미로운 점이 많다. 왜냐하면 육상에 있는 포유류들이야 자는 동안 호흡에 큰 곤란을 겪지 않지만, 고래와 같은 바다 포유류들은 자는 동안 호흡에 주의를 기울여야 하기 때문이다. 향유고래들이 코만 물 밖으로 내민 채 수직으로 서서 자는 모습과 대왕고래나 혹등고래들이 바다 표면 가까이에서 표류하면서 자는 모습은 종종 발견된다. 이들은 하루 총 100분 미만으로 잠을 자는 것으로 알려져 있으며, 포유류 중 가장 적은 잠을 잔다.

거의 모든 포유류가 지니고 있는 호르몬인 멜라토닌은 낮밤을 인지하여 수면을 유도하는 역할을 한다. 또한 동물로 하여금 낮과 밤의 길이를 인지하게 하여 계절에 따른 생체 리듬이나 행동 생태 등을 조절하는 역할을 한다. 멜라토닌은 AANAT와 ASMT라는 효소에 의해 뇌에 있는 작은 내분비 기관에서 합성되는데, 따라서 AANAT와 ASMT 유전자에 다형성이 존재하거나 돌연변이가 일어나면 수면 패턴이 크게 변화하는 것으로 알려져 있다. 또한 MTNR1A와 MTNR1B라는 수용체는 멜라토닌을 인지하여 뇌에 신호를 보낸다. 그런데 놀랍게도 고래의 분화 초기에 AANAT 유전자는 소실되었고 MTNR1B 유전자는 비활성화된 형태를 가지게 된 것으로 보이며, ASMT와 MTNR1A는 이빨고래와 수염고래로 분화하면서 각각 독립적으로 비활성화된 것으로 확인된다.

멜라토닌의 체내 합성과 인지를 포기함으로써 이들이 얻게 되는 이점은 무엇일까? 여기에는 여러 가지 가설이 있다. 우선 고래는 잠을 잘 때에도 뇌의 절반은 잠들지 않는 상태, 이른바 단일반구수면을 한다. 또한 고래는 잠을 잘 때 낮과 밤을 구분하기보다는 주위에 먹이가 있는지가 더 중요한 것으로 보이는데, 실제로 많은 고래들에서 낮과 밤에 수면을 하는 경우가 50 : 50으로 나타났다. 이러한 고래의 수면과 섭식 행동 유형은 일주 리듬에 따라 생성되는 멜라토닌으로부터 자유로워질 필요가 있음을 의미한다. 또한 멜라토닌은 체온을 조절하는 데에도 쓰이는데,

그림 3-20

바다의 표면에서 수직으로 잠을 자는 향유고래떼.

극지과학자가 들려주는 똑똑한 유전자 이야기

주로 멜라토닌의 농도가 높아지면 중심 체온이 내려가는 현상이 일어난다. 따라서 일주 리듬에 따라 체온을 낮추는 멜라토닌 조절 시스템이 오히려 찬 바다에 사는 고래와 같은 동물들에게는 불리하게 작용할 수도 있을 것이다.

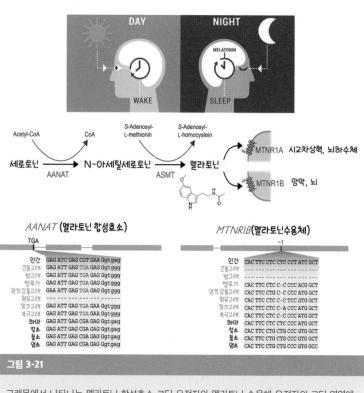

그림 3-21

고래목에서 나타나는 멜라토닌 합성효소 코딩 유전자와 멜라토닌 수용체 유전자의 코딩 영역에서 나타나는 돌연변이(modified from © Huelsmann et al. 2019, Science Advances).

8. 얼음 속 남극이끼의 부활

남극대륙은 유입되는 태양의 빛이 매우 적고 주변에는 남빙양이라고 불리는 차가운 해류가 둘러싸고 있기 때문에 연중 굉장히 낮은 온도를 유지하고 있다. 하지만 이곳에도 계절의 변화가 존재한다. 겨울에는 얼음의 두께가 두꺼워져 대륙 전체를 덮지만, 여름에는 해안가를 중심으로 얼음이 녹는ice-free 지역이 나타난다.

서남극 대륙의 끝에는 남극반도가 있으며, 세종과학기지가 있는 킹조지섬도 이곳에 위치하고 있다. 세종과학기지는 킹조지섬 중에서도 바톤반도라는 곳에 위치하는데, 길고 긴 겨울이 끝나고 조금씩 온도가 올라가면 기지 주변에 쌓여 있던 눈도 녹는다. 남극에 여름이 찾아온 것이다. 이 기간은 아주 짧아서 이 시기에 남극의 생물들은 매우 분주하게 생명활동을 한다. 눈 속에 덮여 있던 이끼와 식물들은 다시 파릇파릇해져 광합성을 하며 해안가를 초록빛으로 물들이고, 펭귄과 바다표범들은 이곳에서 새끼를 낳고 키운다.

하지만 아무리 여름이라 할지라도 여전히 기온은 영하를 넘나들며, 매서운 바람이 수시로 부는데다 강한 UV까지 내리쬐기 때문에 남극의 기후는 일반적인 식물이 싹을 틔워 열매를 맺기에 호락호락하지만은 않다. 이 때문에 남극에 살고 있는 식물들은 매우 제한적이며, 이끼와 균류의 일종인 지의류가 대부분이다. 꽃을 피우는 식물은 남극잔디라 불리는 남극좀새풀과 남극개미자리 단 2종에 불과하다.

극지과학자가 들려주는 똑똑한 유전자 이야기

그림 3-22

서남극 지역에 존재하는 시그니섬의 두꺼운 이끼뱅크에서 130cm의 이끼 피트층을 코어링하는 모습(좌), 1,500여 년 전 이끼 피트층에서 재생된 이끼의 새로운 조직(우)(Roads, E. et al. Curr. Biol. 2014).

　　서남극 지역에서는 몇백 년 동안 인간의 손길과 떨어져서 커온 이끼 뱅크를 쉽게 관찰할 수 있다. 이끼는 포자를 거치는 유성생식을 통해 번식을 할 수도 있지만, 다수의 이끼 종들이 무성생식으로 번식을 하는 것으로 보인다. 이들은 여름에 잠깐 자랐다 겨울이면 다시 눈에 덮이고를 몇백 년이나 반복하며 그곳에서 자라고 있다.

　　2014년, 무려 1,400년이나 얼음 속에서 꽁꽁 얼어 있던 이끼의 조직을 실험실로 옮겨서 배양하자, 그곳에서 새로운 줄기가 나온 것을 관찰한 연구결과가 발표되었다. 겉으로는 마치 죽은 것처럼 보이던 조직에서 생명이 다시 시작된 것이다. 이 식물은 얼음 속에서는 모든 생장점이 생장을 멈춘 것과 같은 휴면 상태에 있다가 다시 환경이 좋아지면 생장을 시작하는 전략을 통해 극한 환경에서 생활사를 유지하는 것으로 보이며, 휴면과 휴면 타파 능력이 매우 뛰어날 것이라 생각된다.

이끼의 이러한 생장 방식은 외부 환경 조건이 생장에 가장 적합할 시기가 될 때까지 생장을 멈추고 기다린다는 점에서, 식물의 종자나 잎눈의 휴면 과정과 매우 유사하다. 식물의 종자는 익은 후에 바로 발아되지 않고 겨울을 지나 봄이 될 때까지 휴면에 돌입한다. 휴면은 앱시스산 abscisic acid: ABA 이라는 호르몬에 의해 조절되는데, 종자의 휴면을 유도하고 발아를 억제하는 기능과 가뭄이나 추위와 같이 불리한 환경에서 생장을 억제하는 기능 등 식물의 스트레스 반응과 관련된 중요한 작용을 한다.

극지연구소의 연구팀은 이끼가 어떻게 혹독하고 긴 남극의 겨울을 나는지, 그 기간에 이끼의 세포에서 벌어지는 일들을 관찰하기 위해 세종 기지의 월동연구대원이 매달 채집한 극지 이끼로부터 mRNA를 분리하고 그 구성을 살펴보았다. 이러한 방법을 전사체 분석이라 하는데, 앞서 물곰의 전사체 연구에서 소개하였듯이 전사체 연구는 DNA의 유전자 영역에서 전사되어 나온 mRNA의 구성을 조사하는 방법으로, 특정 조건에서 발현되어 세포 내에서 기능을 하는 유전자 그룹을 조사하는 방법이다. 깜깜한 극지의 겨울, 월동대원들이 수 미터 눈 아래에서 캐낸 꽁꽁 얼어붙은 이끼에는 마치 "나 아직 여기에 살아 있어요"라고 외치듯, 상당한 양의 유전자들이 세포 내에서 발현되고 있었다. 그중에서도 종자의 휴면을 유도한다고 알려진 식물 호르몬 앱시스산에 의해 유도되는

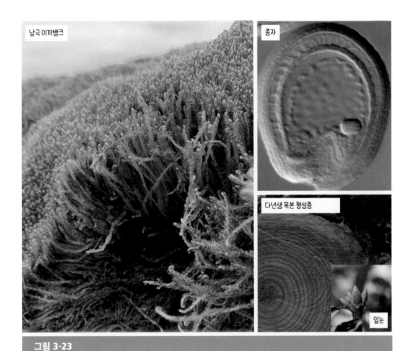

그림 3-23

생장과 휴면 반복에 의해 생성된 남극 이끼뱅크와 식물의 대표적인 휴면단계인 종자와 형성층, 잎눈의 모습 비교.

주요 유전자들이 강하게 유도되는 것이 확인되었다. 또한 앱시스산 호르몬을 생성하거나 분해하는 역할을 하는 유전자들은 극지의 계절에 따라 다르게 발현되고 있었다. 짧은 극지의 여름이 지나가고, 다시 바다가 얼기 시작하면 이끼 세포 안에는 앱시스산 호르몬이 점점 축적되고, 이 신호를 전달받은 생장 억제 유전자는 식물에게 더 이상 자라지 말고 긴

그림 3-24

남극좀새풀의 스트레스 내성 유전자인 DaCBF가 발현된 벼의 결빙 저항 내성(좌) 및 극지 미세조류의 얼음결합단백질을 넣은 애기장대 형질전환체는 조직 내 얼음결정이 생기는 것을 억제함(우).

잠을 자라고 말해줄 것이다. 그리고 이어 긴 겨울이 끝날 즈음에는 앱시스산이 감소하면서 얼음 속에서 잠자던 이끼들은 다시 기지개를 켜고 생장을 계속할 준비를 할 것이다.

극지연구소의 연구팀은 남극좀새풀, 남극개미자리, 남극이끼 등 극지 식물뿐 아니라 광합성을 하는 미세조류까지를 대상으로 전사체 및 유전체 연구를 진행하여 다수의 극지 환경 스트레스 관련 유전자를 찾았다. 여기에는 스트레스 신호 전달 관련 전사조절인자, 분자 샤페론, 항산화효소, 결빙방지단백질, 세포골격 조절 단백질, 다당류 합성유전자, 광합성 조절 유전자, 생장 조절 인자 등 다양한 기능을 하는 유전자들이 포함되었다.

이들 중에서도 남극좀새풀에서 분리된 스트레스 신호 전달 과정의 전사조절인자 DaCBF, 당알코올 성분인 갈락티놀galactinol의 합성효소 DaGols, 세포골격인 액틴actin의 중합체 형성에 관여하는 ADF 등은 작물인 벼에서 유전공학적 방법에 의해 과발현되었을 때 저온 스트레스나 건조 스트레스에 탁월한 내성을 보이는 것으로 확인되었다. 또한 극지의 빙하에 살고 있는 미세조류의 얼음결합 단백질을 식물에서 발현시켰을 때에도 식물의 결빙 스트레스 내성이 증가되었는데, 이는 극지의 유전자가 가지고 있는 특별한 힘이 증명된 것으로 극지 식물로부터 획득한 유전자원들을 작물의 개량을 위한 유전자원으로 활용할 수 있는 좋은 예라 할 수 있다.

4장

보물섬을 찾아라!
지구유전체 프로젝트

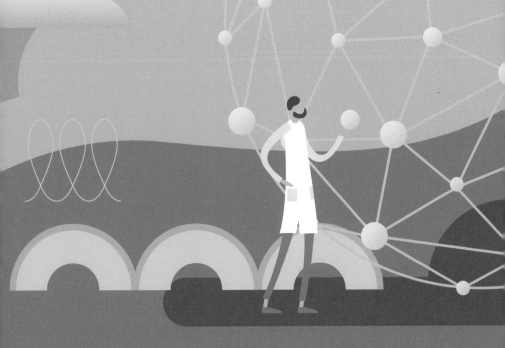

지구에 얼마나 많은 생물들이 존재할까? 외계 생명체가 와서 "당신들 행성 지구에는 얼마나 많은 생물들이 존재합니까?"라고 물어보면 우리는 어떻게 대답할 수 있을까? 안타깝게도 우리는 "음… 동식물, 균류와 같은 진핵생물은 약 900만 종 정도 있을 것 같고, 원핵생물과 바이러스는 추산 불가입니다만 한 10억 정도 되지 않을까요?"라고 모호하게 대답할 수밖에 없다. 그럼 다음 질문! "그 900만 종은 어떤 종들이죠?"라고 물어보면 우리는 "20%도 모른답니다. 아직도 많은 종들은 분류를 기다리고 있습니다. 심지어 지금도 많은 종들이 새로 생겨나고 또 많은 종들은 사라지고 있지요. 하지만 우리는 그 속도조차 알지 못하고 있네요"라고 대답할 수밖에.

1. 메타유전체학, 환경유전체학

지구생물의 대부분을 차지하고 있는 미생물들은 현미경이 발견된 17세기 전에는 그 존재조차 발견하지 못했다. 하지만 DNA 기술은 미생물을 발견하고 분류하는 데 매우 유용하였다. 칼 워즈C. Woese(1928~2012)가 세운 16S 리보솜 RNA 염기서열을 기초로 한 분자 계통학과 급속도로 발전한 염기서열 분석 기술 덕분에, 우리는 지구상 모든 생물들을 종류별로 나눌

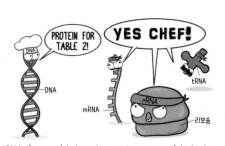

RNA: If you can't help make proteins, get out of the kitchen.

그림 4-1

RNA의 기능. DNA의 정보를 단백질로 만들기 위해서는 mRNA, rRNA, tRNA와 리보솜이 필요하다(© amo ebasisters).

수 있게 되었다.

　모든 생물은 리보솜을 가진다. 리보솜은 단백질을 만드는 세포공장이다. 이러한 리보솜 안에는 ribosomal RNA라는 핵산이 있는데, 이 핵산의 원래 기능은 리보솜이 단백질을 잘 만들 수 있도록 효소 반응을 돕는 역할을 하며, 세포 내 RNA의 80%를 차지한다. 그리고 물론 세포가 가지고 있는 DNA로부터 전사된다.

　그런데 왜 rRNA가 생물을 구분하는 데 중요하냐고? 그것은 바로 이들을 코딩하는 유전자의 서열 보존성 때문이다. 고전적으로 미생물들은 형태적·생리화학적 특성들을 분류하여 구분하였으나 이 방법은 많은 시간을 필요로 하거나 결과도 정확하지 못한 경우가 있다. 따라서 좀처럼 변하지 않는 유전정보를 가진 미생물들의 DNA를 분석하여 이들을 구분하고자 하였다.

　그 타깃의 하나로 유전자의 길이가 비교적 길고 유전자 변이의 가능성이 낮은 리보솜이 가지고 있는 rRNA 유전자가 사용되었는데, 칼 워즈는 종내에서는 변이가 거의 없지만 종 간의 진화나 분류에 의미가 있는 부분을 찾아냈고, 이 부분이 바로 세균에서는 16S rRNA 유전자이다. 생물의 소속과 명칭을 정하기 위한 염기서열 분석에서 가장 중요한 포인트는 같은 종을 묶으면서도 종간 변별력을 높여야 한다는 점이다. 세균의 소속을 정할 때에는 16S rRNA 유전자를, 진균의 소속을 정할 때에는 ITSinternal transcribed spacer 또는 28S rRNA 유전자의 D1/D2 부위를 이용한 염기서열 분석법이 가장 많이 이용되지만, 일부 균종에서는 이 부위의 균종 간 유전자 일치도가 높아 변별력이 떨어지기 때문에 전통적인 표현형 검사를 시행하거나 추가적인 유전자 분석을 하는 경우도 많다.

지난 20년간 분석 기술의 발전과 함께, 미생물학자들의 관심은 1%의 배양 가능한 미생물에서 99%의 배양되지 않는 미생물로 옮겨갔다(많은 미생물들은 실험실 조건에서 쉽게 배양되지 않는다. 따라서 배양 조건을 찾는 것은 매우 까다롭다). 실험적 진보는 미생물의 세계를 보여주는 방식을 근본적으로 바꾸었다. 1980년대, 배양체 없이 16S rRNA의 서열만으로 환경 샘플에 어떤 미생물들이 존재하는지 보여주는 연구 결과가 공개되었고, 이른바 메타유전체는 '어떤 환경에 존재하는 혼합된 DNA종'들로, 메타유전체학은 '한 환경 내에 존재하는 모든 종을 구분하고, 그들의 상호작용과 대사작용을 연구하는 학문'으로 정의되었다. 눈에 보이지 않

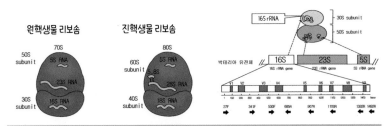

그림 4-2

진핵생물과 원핵생물의 rRNA 비교(좌) 및 원핵생물의 rRNA들을 코딩하는 박테리아 유전자의 모식도(우).

는 미생물의 세계를 어떻게 접근해야 할지에 대한 관점이 완전히 바뀌게 된 것이다.

과학계는 보이는 모든 것에 존재하는 염기서열들을 분석하고 있다. 지구, 바다, 동물의 피부, 장기, 식물의 잎, 뿌리, 심지어 공기와 구름, 우주공간에서까지 샘플을 채취하고, 그곳에 남겨져 있는 생물의 흔적을 조사한다.

남극과 북극의 바다와 얼음도 예외가 아니다. 2006년에 시작된 '타라오션 프로젝트Tara Ocean Project'는 기후변화가 해양과 해양 미생물에 미치는 영향을 확인하기 위해 2009~2013년, 2016~2018년, 2회에 걸쳐, 탐사선인 타라호와 함께 전 세계 바다를 누비며 바닷속 생물상을 조사하는 연구를 수행하였다. 그들은 수집한 환경 시료들에 대해 메타유전체학 기법을 이용하여 배양 없이 환경유전체를 분석하였다. 이 거대 프로젝트를 통해 얻어진, 태평양과 대서양, 인도양을 넘어 북극해와 남극해까지 아우르는 메타유전체 데이터는 바다 곳곳에 어떤 생물이 살고 있는지, 그리고 그들의 역할은 무엇인지를 밝히는 데 매우 소중한 자료로 평가받고 있다. 일례로 타라호는 북극해를 포함한 전 세계 바다에서 20만 개의 해양 바이러스를 확보하였고, 이는 우리가 생각했던 바이러스의 종류보다 바다에 10배 가량 많은 바이러스가 존재한다는 것을 보여주었다. 그뿐만 아니라 박테리아의 다양성은 적도에서 증가하지만, 바이러스의 다양성은 오히려 극 지역에서 증가하는 증거들을 제시하였다.

극지과학자가 들려주는 똑똑한 유전자 이야기

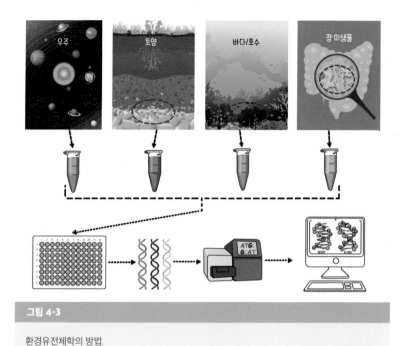

그림 4-3

환경유전체학의 방법.

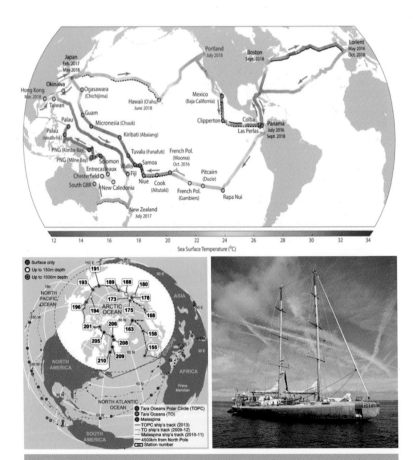

그림 4-4

타라 프로젝트의 경로 및 북극해 주변의 샘플링 포인트(© Gorsky et al. Front. Mar. Sci. 2019, Gregory et al. Cell, 2019).

극지과학자가 들려주는 똑똑한 유전자 이야기

2. 극한 생물, 그들의 놀라운 능력

우리는 극지에 가면 흙과 물을 담고 눈과 빙하를 떠 온다. 생물이 보이지도 않는 흙과 물과 눈을 퍼 오는 이유는 바로 그곳에 우리 눈에는 보이지 않지만 현미경을 통해 볼 수 있는 작은 미생물들이 모여 살고 있기 때문이다. 미생물은 보통 맨눈으로는 볼 수 없는, 현미경으로 볼 수 있는 크기의 생물을 가리킨다.

미생물은 크게 세포 안에 핵막이 존재하여 핵이라고 부르는 공간이 있느냐에 따라 원핵 미생물과 진핵 미생물로 나눌 수 있다. 원핵 미생물은 핵막이 없기 때문에 핵이 없고, 따라서 유전정보를 담은 DNA가 세포질에 존재한다. 이러한 원핵 미생물은 대부분이 단세포생물로서, 남조류를 포함한 세균과 고균 등이 이에 포함된다. 반면 진핵 미생물은 세포 안에 핵막으로 둘러싸인 핵이 존재하기 때문에 DNA는 세포핵 내에 존재하게 되며, 곰팡이, 효모, 미세조류 등이 여기에 포함된다.

지구 전체 미생물의 생물량은 지구의 식물과 동물을 합친 것보다 훨씬 많다. 미생물은 지구상 어느 곳에나 존재한다. 이들은 흙, 물, 심해에도, 극지에도, 구름 속에도, 물속에도, 화산의 분화구에도 존재하며, 심지어 이들은 우리의 피부와 장기에도 살고 있다. 이들은 주어진 환경에서 물질 순환에 아주 중요한 역할을 한다.

바야흐로 미생물 연구의 새로운 전성기가 열렸다. 미생물들은 다양한 환경 조건에서 군집을 이루며 군집 내 상호작용을 통해 살아간다. 따라

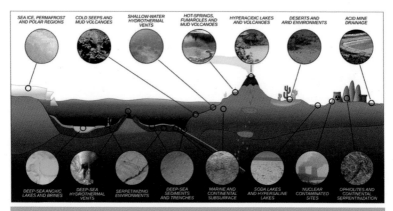

SEA ICE, PERMAFROST AND POLAR REGIONS　COLD SEEPS AND MUD VOLCANOES　SHALLOW-WATER HYDROTHERMAL VENTS　HOT-SPRINGS, FUMAROLES AND MUD VOLCANOES　HYPERACIDIC LAKES AND VOLCANOES　DESERTS AND ARID ENVIRONMENTS　ACID MINE DRAINAGE

DEEP-SEA ANOXIC LAKES AND BRINES　DEEP-SEA HYDROTHERMAL VENTS　SERPETINIZING ENVIRONMENTS　DEEP-SEA SEDIMENTS AND TRENCHES　MARINE AND CONTINENTAL SUBSURFACE　SODA LAKES AND HYPERSALINE LAKES　NUCLEAR CONTAMINATED SITES　OPHIOLITES AND CONTINENTAL SERPENTINIZATION

그림 4-5

여러 종류의 극한 미생물들(© Merino et al. 2019).

서 특정 환경 내 미생물 군집에 대한 연구는 미생물에 대한 이해를 높이고 유용한 유전자원을 확장하는 방법으로 주목받고 있다. 최근 차세대 염기서열 해독 기술의 발전으로 인해 이러한 연구들이 더욱더 가속화되고 있다.

이 중에서도 심해, 고압, 고열, 초저온 환경 등 "생물이 과연 이러한 곳에서 살 수 있을까" 하는 극단적인 환경에서 서식하며 생명활동을 하는 생물들을 극한 생물Extremophile이라 하는데, 미생물이 대부분을 이루고 있기 때문에 극한 미생물이라고도 불린다.

이들은 서식 환경에 따라 이름을 구분하여 부르는데, 80도 이상의 고온에서 살 수 있는 미생물을 호열균thermophilie, 고농도의 염분에서 살 수

극지과학자가 들려주는 똑똑한 유전자 이야기

있는 미생물을 호염균Halophile, 압력이 높은 곳에서 살 수 있는 미생물을 호압균Barophile/Piezophile, 15도 이하의 저온에서 살 수 있는 미생물을 호냉균Psychrophile, 사막같이 극단적으로 건조한 곳에서 살 수 있는 미생물을 건생균Xerophile이라 하며, 그 밖에 pH 선호도에 따라 염기 환경을 선호하는 미생물을 호염기균Akaliphile, 산성 환경을 선호하는 미생물을 호산균Acidophile이라 부른다.

그렇다면 과연 어떤 극한 미생물이 어떤 환경에서 존재할까? 이 질문에 대답하기 위해, 과학자들은 사막과 화산의 분화구를 찾고, 해양탐사선을 타고 대양을 누비며, 심해의 퇴적물을 채취하고, 남극과 북극의 꽁꽁 언 빙하에서, 눈에 보이지 않는 미생물들을 찾는다.

극한 미생물들의 특별한 능력은 그들이 가진 특별한 유전자들에서 유래한다. 즉 이 유전자로부터 합성되는 단백질들이 그들에게 특별한 능력을 부여한다.

글을 읽는 여러분은 코로나 진단 키트나 범죄수사에서 쓰이는 PCR 검사라는 말을 접해보았을 것이다. 1993년 노벨화학상을 수상한 PCR 기술은 중합효소 연쇄 반응Polymerase Chain Reaction의 약자로 이는 일련의 반응 온도가 다른 세 개의 반응을 반복하여 DNA를 복제하는 기술을 의미한다.

간단히 그 과정을 살펴보자면 다음과 같다. PCR은 두 가닥의 DNA가 상보적 결합에 의한 이중나선을 이루고 있다는 구조적 특성을 이

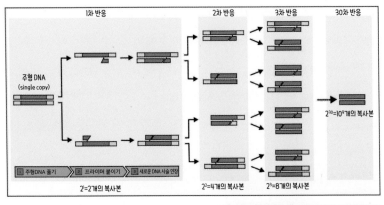

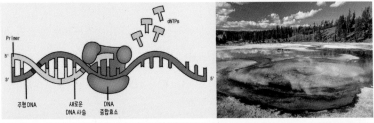

PCR의 원리(위, 아래 좌)와 PCR 중합효소인 Taq polymerase가 발견된 옐로우스톤 국립공원(미국)의 온천(아래 우).

용한 반응이다. 이 방법은 세 가지 단계를 30회 정도 반복하여 소량의 DNA를 증폭시킨다. 간단히 말하자면 ① 주형 DNA를 고온에서 푸는 단계denaturation, ② 다시 온도를 낮추어 복제에 쓰일 작은 절편 DNA인 프라이머primer를 주형 DNA에 붙여주는 단계annealing, ③ 여기에 DNA를 복제하는 데 필요한 중합효소를 넣어주면, 기존 주형 DNA의 정보를 이용하여 프라이머에 새로운 염기들을 붙여나가는 단계elongation를 통해 주형 DNA와 같은 정보를 가진 DNA 가닥을 만들게 되는데, 이 3단계를 반복할수록 DNA가 증폭된다.

이 방법은 1985년에 처음 고안되었는데 당시에 사용된 중합효소는 클레노우 중합효소Klenow polymerase였다. 하지만 이 효소는 열에 약했기 때문에 매주기마다 효소를 새로 넣어주어야 했다. 그러다 1988년에 미국 옐로우스톤 국립공원의 간헐천 근처에 사는 호열성세균Thermophilus aquaticus에서 분리한 DNA 중합효소Taq DNA polymerase를 PCR에 사용한 논문이 발행되었다. 높은 온도에서도 효소 활성이 유지되는 Taq 중합효소 덕분에 매번 중합효소를 넣어주어야 하는 번거로움을 피할 수 있게 되었고, PCR은 더욱더 다양한 기법으로 활용되어 현대생물학의 새로운 길을 열어주었다.

바닷속 1만 미터 아래로 내려가는 심해 탐사 시대이다. 1977년 미국 우즈홀 연구소에서 제작된 앨빈 심해유인 잠수정은 갈라파고스 인근 해저산맥을 조사하던 중 심해에 섭씨 350도가 넘는 열수분출공이 존재한다는 것을 밝혔다. 그리고 놀랍게도 이곳에 게, 새우, 관벌레 등이 살고 있다는 것을 알 수 있었다. 햇빛 한줌 들어오지 않는 깜깜한 바닷속에 어떻게 이러한 생물이 살게 된 것일까?

이런 극한 생태계의 비밀은 놀랍게도 열수구 주변의 관벌레tube worm 안에 숨어 있는 황과 메탄 박테리아들에서 찾을 수 있었다. 열수구 주변에서 발견된 관벌레는 소화기관이 없다. 한편 이 벌레의 관 속에서는 황 침전물이 발견되었는데, 이는 심해 열수구에 사는 관벌레들이 황박테리 아와 공생관계에 있다는 것을 의미한다. 즉 황을 이용하는 미생물들이 관벌레 내에 존재하며, 그곳에서 화학 합성을 하고 있음이 밝혀진 것이 다. 식물이 광합성을 하여 유기물과 산소를 만드는 것과 같이 심해 속 미 생물들은 황과 메탄가스를 이용하여 유기물을 생성해 주변의 생물들에 게 영양분을 공급하고, 수소에너지를 방출하였다.

이들은 어떻게 높은 압력과, 짙은 어둠, 뜨거운 열수 펌프와 같은 혹 독한 환경을 견디며 살아가고 있을까? 아마도 이들의 물질 순환에 작용 하는 여러 가지 물질 펌프와 산화 환원 효소 등 에너지 전달과 관련된 일련의 유전자들이 주변의 생지 화학적 환경에 맞게 적응해왔으리라 생 각된다.

우리는 이제 열수 박테리아를 사용하여 수소 에너지를 생산하고, 빙 하에서 분리된 미생물들을 이용하여 세포를 보호하는 결빙 방지 물질 들을 생산할 수 있다. 이들 극한 미생물 자원은 우리에게 고부가 자원으 로서 의약학, 공학, 자연과학, 환경, 산업 분야에서 생명공학 산업의 핵심 소재로 쓰일 수 있기 때문에, 이들 자원을 개발하기 위한 연구는 건강, 의학, 환경 등 다양한 산업 분야에서 활발히 진행되고 있다.

3. 지금껏 보지 못했던 공간, 빙저호와 그 생태계

남극대륙은 수 킬로미터에 달하는 두꺼운 빙하 아래에 존재한다. 그렇다면 그 빙하 아래에는 어떤 세계가 펼쳐져 있을까? 두꺼운 빙하를 걷어내면 그 아래에도 산과 호수와 강이 존재할까?

러시아의 남극과학기지인 보스토크 기지는 지구의 최저 온도인 영하 88도가 측정된 곳이다. 그런데 놀랍게도 이 기지 아래에는 남극에서 가장 큰 지하 호수인 보스토크호가 있다. 이 호수는 지상으로부터 약 4km 아래에 존재하고 있으며, 최대 길이 250km, 넓이 1만 4,000km², 최고 깊이는 1,200m로 추정되는, 지구에서 여섯 번째로 큰 거대한 호수이다.

2012년 2월 7일 러시아의 AAD 연구팀은 10년간의 시추 작업 끝에 3,700m 길이의 얼음을 뚫고 보스토크 호수 표면에 도착했다고 발표했다. 학계는 이를 인류의 달 착륙에 비유하며 흥분했다. 이는 4,000m 두께의 남극 얼음 밑에서 수십만 년 동안 지구 대기와 단절된 채 존재해온 미지의 환경에 대한 기대 때문일 것이다. 실제로 이 호수의 물리화학적 환경은 목성의 위성인 유로파의 얼음 지각 아래의 환경과 유사할 것이라 추정된다. 러시아의 과학자들은 이듬해인 2013년도에 호숫물 속의 DNA에 대한 메타유전체 분석을 통해 어떤 생물들이 있는지를 발표하였는데, 그곳에는 수백 종의 새로운 박테리아 종들이 서식하는 것으로 확인되었다.

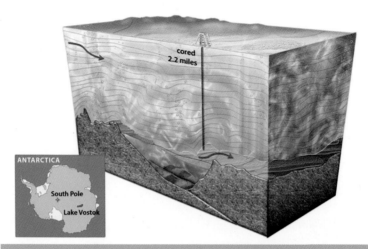

남극대륙에서 가장 큰 호수인 보스토크 호수의 시추 모식도.

남극대륙에는 보스토크호 외에도 400여 개의 빙저호가 존재하리라 생각된다. 러시아의 보스토크호 시추 성공 직후 2013년 1월 미국 WISSARD 연구팀 주도로 윌란스호Lake Whillans에 대해 샘플 오염을 최소화한 시추 방법을 통해 호수물을 채취하는 데 성공하였고, 연구진은 샘플에서 미생물을 발견했다. 메타유전체학을 통해 밝혀진 바에 따르면 빙저호에는 수천 종의 박테리아와 고세균으로 구성된 생물상이 존재하며 그 밀도는 심해와 유사하였다.

수만 년 동안 햇빛이 전혀 들어오지 않았던 얼음호수에 있는 생물들은 과연 어떻게 영양분을 획득할 수 있었을까? 유전자 데이터베이스를

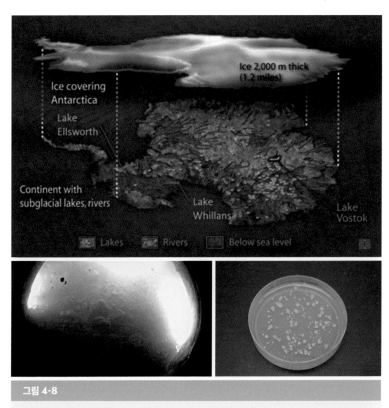

남극대륙의 빙하 아래 강과 호수 지형 예상도(위), 남극 윌란스호의 물속 모습과 호수에 존재하는
미생물 배양체(아래).

통해 확인된 이들 미생물은 기존에 알려진 것들과는 매우 다른 종류였
는데, 이들은 철, 망간, 황, 암모늄 등의 무기화학 물질의 산화반응을 통
해 에너지를 획득하는 화학무기영양chemolithotrophy을 하는 독립 영양 생

물체들이었다. 극단적 환경에 생존하는 이들 생물의 적응 과정을 연구하는 것은 지구 생명체의 역사를 이해하는 단서로 작용할 것이다.

염기서열 분석 방법이 고도화될수록 우리는 그동안 보지 못했던 것을 밝히고 있으며, 생명의 한계점을 찾기 위해 끊임없이 도전하고 있다.

4. 지구생물유전체 프로젝트

만약 생물이 존재하지 않는 시점에, 그러니까 그 종이 멸종한다 해도 멸망한 종에 대해 연구할 수 있을까?

우리는 세계 6번째 대멸종의 시작에 있다. 1900년 이후 인간의 활동에 따른 서식지의 감소는 멸종의 속도를 더욱 가속화시키고 있다. 과학자들은 앞으로 20년간 지구생물종의 멸종위기에 인간이 어떻게 대처하느냐에 따라 수백만 종의 운명이 결정된다고 경고한다.

지구생물유전체 프로젝트Earth Biogenome Project: EBP는 지구상에 현존하는 모든 생물체의 유전체 지도를 만들자는 국제 컨소시움이다. 이는 2017년 Biogenomics 2017, 세계생물다양성유전체학회Global Biodiversity Genomics Conference에서 스미소니언 재단과 중국의 BGI 주도로

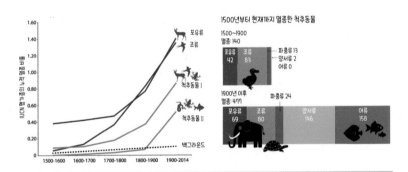

그림 4-9

1500년부터 현재까지 척추동물의 멸종 속도. 1900년 이후 멸종 속도는 더욱 가속화되고 있다.

제안되었다. 이는 그동안 이루어져왔던 인간 중심의 유전체학을 넘어, 지구의 모든 생명체의 서열을 확보하고, 이들의 정보를 다가올 미래를 위해 보관하자는 과학계의 움직임이다.

지금까지 유전자 염기서열 분석이 끝난 다세포 생물종은 전체 생물의 0.3%에 불과한 수준이며, 이 중 레퍼런스 유전체로 이용할 수 있는 수준까지 분석이 끝난 것은 100여 종에 불과하다. EBP를 주도하는 연구 그룹은 1단계는 진핵생물의 모든 과family에 속하는 생물 9,000여 종에 대해 인간 유전체 분석 수준으로 정밀하게 분석하고, 최종 단계에서는 150만 종류에 달하는 모든 진핵생물 종의 대략적인 유전체 서열 정보를 확보한다는 야심 찬 계획을 발표하였다. 이 프로젝트에는 총 47억 달러의 예산이 소요되며(생물학 분야에서 현재까지 가장 많은 예산이 들어간 인간 유전체 프로젝트는 30억 달러가 넘는, 약 4조 가까이 소요되었다), 전 세계 연구진이 참여하여 1차로 척추동물 6만 6,000종, 식물 1만 종, 200종의 곤충 유전체가 분석될 예정이다.

불과 20년 전에 완성된 인간 유전체 프로젝트는 생명 현상을 바라보는 패러다임의 전환을 불러왔다. 인류는 다시 새로운 도약을 위한 거대 과학 프로젝트를 시작하고자 한다. 지구생물유전체 프로젝트를 통해 인류가 궁극적으로 생물 다양성을 보존하고 지속가능한 인간사회를 위한 해법을 도출하는 새로운 생물학적 기반을 만들 수 있을 것이라 기대해 본다.

극지과학자가 들려주는 똑똑한 유전자 이야기

DNA에 남겨진 암호를 디코딩하여 우리가 살고 있는 지구생물의 과거와 현재, 그리고 미래를 이해하는 것, 그것이 인류의 미래를 위해 현대 유전학이 추구하는 목표일 것이다.

맺음말

    인류는 오랫동안 생명의 정의를 밝히기 위해 노력해왔습니다. 만약 지구 밖에서 생명체라 부를 무언가를 찾았을 때, 우리는 어떤 근거로 그것이 생명체라고 말할 수 있을까요? 미국항공우주국NASA은 생명을 "다윈 진화가 가능한, 스스로 지속가능한 화학적 시스템"으로 정의했습니다. 이는 바로 생물이 무생물과 구별되는 특징의 원천이 DNA라는 물질에 담겨진 유전암호에 존재함을 의미합니다. 지구의 생명체는 유전자를 통해 세포를 구성하고, 유전자에 담긴 정보를 통해 에너지를 만들며, 유전자를 통해 진화를 겪어왔습니다. 즉 생명에 필요한 모든 정보는 유전자에 존재합니다.

    극지는 생명 현상의 거대한 실험장이라 할 수 있습니다. 그 어느 곳보다도 혹독하지만, 지구상에서 가장 먼저 기후변화의 영향을 체감할 수 있는 곳입니다. 우리는 극한 환경의 물리적 한계에서 적응해온 생물의 유전 메커니즘을 이해하고 연구함으로써 생명체가 어떻게 지구환경의 변화에 대해 대처하고 적응해왔는지에 대해 이해할 수 있습니다. 이러한 도전은 우리에게 새로운 발견의 기회를 열어줍니다. 어쩌면 유로파의 지하 바다에 살고 있을지도 모르는 미지 생명체에 대한 통찰력을 가지게 될 수도 있지요. 많은 연구자들의 노력에 의해 밝혀진 극지 생물의 유전 진화 과정은 우리가 그동안 교과서에서 배웠던 '자연선택과 진화'의 좋은 예가 되리라 생각합니다. 극지 생물의 유전자 이야기를 통해 지구 역사에서 생명체가 어떻게 극한 환경을 극복해왔는지, 그 생명의 경이로움에 대해 알아가는 즐거운 시간이 되기를 바라며, 부족한 글을 마무리하고자 합니다.

마지막으로 이 책이 출간될 수 있도록 도움을 주셨던 극지연구소 및 지식노마드에 감사를 전하며, 극지연구소에서 함께 즐거운 연구를 하고 있는 동료분들께 깊은 감사를 전합니다.

용어 설명

센트럴도그마 central dogma

영국의 분자생물학자 크릭Francis Crick이 명명한 유전정보의 흐름 경로를 뜻한다. DNA의 코딩유전자는 mRNAmessanger RNA 분자의 주형 기능을 하고, 만들어진 mRNA는 세포질로 이동하여 그곳에서 단백질 내의 아미노산 배열을 결정한다는 가설이다.

전사 transcription

DNA를 원본으로 사용하여 RNA를 만드는 과정을 말한다. DNA의 네 종류 염기(A, T, G, C) 배열을 본떠 RNA의 염기 배열을 만든다.

번역 translation

DNA의 정보를 이용해 단백질을 합성하는 과정에서 DNA의 정보가 mRNA로 전사된 후, mRNA의 염기서열을 이용해 단백질의 1차 구조인 펩티드를 합성하는 과정을 뜻한다.

크리스퍼 유전자 가위 기술

인간 및 동식물 세포의 유전체를 교정하는 데 사용되는 유전자 교정genome editing 기술로 유전체에서 특정 염기서열을 인식한 후 해당 부위의 DNA를 정교하게 잘라내는 시스템을 말한다.

무성생식

암수 개체가 필요 없이 한 개체가 단독으로 새로운 개체를 형성하는 방법. 한 개체에서 만들어진 생식세포가 단독으로 새로운 개체가 되는 경우가 무성생식이다.

유성생식

주로 암수라고 하는 두 가지 성별을 이용해서 새로운 자손을 남기는 방법을 말한다. 암수 개체는 감수분열을 통해 각각의 생식세포인 배우자gamete를 만들고 이 두 배우자가 다시 결합하여 접합자zygote, 즉 수정란이 된다.

유전적 다형성

동일 생물 집단 내, 개체마다 가지는 DNA 염기서열의 차이.

집단유전체학

생물 집단의 유전체 정보를 이용하여 유전형질이 집단에서 어떠한 발현형질을 나타내고, 질병 등과 연관성이 어떻게 되는지를 연구하는 학문 분야.

근연종

생물의 분류에서 유연관계가 깊은 종.

결빙방지단백질

얼음결합단백질의 일종으로, 얼음의 표면에 결합하여 얼음의 성장을 억제하는 활성을 가진 단백질로서 결빙 환경에 사는 많은 생물들에게서 이 단백질의 유전자가 발견되었다.

전사체Transcriptome

전사를 의미하는 transcription과 전체를 의미하는 접미어 -ome이 결합하여 만들어진 합성어이다. 전사체란 전사 산물 전체를 포괄하거나 특정 발생 단계 또는 생리적 환경에서의 세포 내 전사 산물의 총합을 의미한다. 보통은 모든 RNA들의 합을 의미하지만, 실험에 따라서 messenger RNAmRNA만의 총합을 의미하기도 한다.

활성산소종

영어로 Reactive Oxygen Species: ROS로 지칭되는 활성산소종은 산소 원자를 포함한, 화학적으로 반응성 있는 분자이다. 생물체 내에서 생성되는 산소의 화합물로 생체 조직을 공격하고 세포를 손상시키는 산화력이 강한 산소이다. 분자들은 산소이온 그리고 과산화수소를 포함하고 있으며, 짝지어지지 않은 전자 때문에 반응성이 매우 높다. 세포 대사에서 활성산소의 침투를 방어하는 과정의 원리가 존재하는 것으로 알려져 있다. 이는 항산화물질계antioxidant system로 다루어지고 있다.

진핵생물

진핵생물眞核生物, Eukaryota은 진핵세포를 가진 생물을 말한다. 진핵세포는 세포 내에 핵으로 대표되는 다양한 세포 소기관을 가진 세포들을 통칭하는 이름이다.

원핵생물

진핵생물에 대응되는 말로서, 원핵세포로 이루어진 생물을 의미한다. 대부분 단세포이며, 원핵균류와 남조식물이 이에 해당한다. 진핵세포와 달리 DNA가 핵막에 둘러싸이지 않고 분자 상태로 세포질 내에 존재하며, 미토콘드리아, 엽록체 등의 세포 소기관이 없다.

메타유전체학

메타유전체학은 특정 샘플에서 배양하지 않은 미생물 커뮤니티로부터 얻은 DNA나 RNA 등에서 유전체의 총합에 대해 연구하는 유전학의 한 분야를 말한다.

표현형

생물이 가지고 있는 관찰 가능한 특징적인 모습이나 성질을 의미한다. 눈 색깔, 키, 행동, 발생, 생리생화학적 특성 등 구별 가능한 다양한 생명 현상을 포함한다.

독립영양생물Autotroph

자신의 생존을 위해 필요한 먹이를 스스로 생산할 수 있는 유기체.

영구동토층Permafrost

2년 이상 모든 계절 동안 결빙 온도 이하로 유지되는 땅으로, 북극이나 남극 주변의 고위도 지방에서 나타나며, 높은 고도의 고산 툰드라에서도 나타난다.

X선 회절분석

일정 간격으로 배열된 고체(결정구조 포함)에 X-선을 쪼일 때 만들어지는 회절 패턴을 이용하여 배열구조 또는 결정구조를 결정하는 분석법.

유전형Genotype

생명체의 표현형, 생물이 가지고 있는 관찰 가능한 특징적인 모습이나 성질을 결정하는 유전적 특징.

우성, 열성

멘델의 유전법칙에서 유래된 개념으로, 서로 다른 대립되는 표현형질을 가진 순종끼리 교배하여 태어난 잡종 후손에서 부모의 한쪽 형질이 주도적으로 나타났을 때 그 형질을 '우성'이라 하며, 나타나지 않고 숨겨져 있는 형질을 '열성'이라 한다.

유전자재조합

염색체에 존재하는 DNA가 복제 과정의 에러 수리 및 감수분열 과정에서 염색체 접합에 의해 생기는 DNA의 해체와 재조립 과정에서 원래의 DNA 서열이 바뀌는 현상을 의미한다. 한편 유전공학 기술에서 세포 내의 유전자를 포함하는 DNA나 RNA를 추출하여 원하는 형태로 개량해 유용 단백질을 만드는 기술로 활용된다.

미토콘드리아

진핵생물에서 산소 호흡의 과정이 진행되는 세포 속에 있는 중요한 세포 소기관이다. 유기물에 저장된 에너지를 산화적 인산화 과정을 통해 생명활동에 필요한 ATP 형태로 변환하는 기능을 가지기 때문에 세포 내 발전소라 불린다. 미토콘드리아는 이중막 구조로 되어 있고 고유의 DNA를 가지고 있기 때문에 엽록체와 함께 진핵세포 기원에 대한 세포내 공생설을 지지한다. 한편 미토콘드리아의 DNA는 세포질에 존재하기 때문에 재조합이 일어나지 않으며, 모계 유전을 따르기 때문에 종의 계통 연구에 중요한 자료로 쓰인다.

규조류

단세포 식물 플랑크톤의 일종. 규조류는 규산이 침적해 만들어진 각 구조와 내부의 원형질로 구성되어 있다.

조류

광합성을 통해 독립 영양생활을 하는 원생생물의 총칭.

리보솜

세포내 소기관의 일종으로 세포질 속에서 단백질을 합성하는 역할을 한다.

RNA와 단백질 복합체로 이루어져 있다.

DNA 중합효소
DNA 복제과정에서 DNA 사슬에 DNA의 기본 단위인 뉴클레오타이드를 연결하면서 새로운 DNA를 합성하는 효소.

참고문헌

1장 내가 너와 다른 이유
유전, DNA, 유전자
인류역사상 가장 놀라운 지도-유전체 지도

1. R. A. Gibbs, The Human Genome Project changed everything. Nat Rev Genet 21, 575-576 (2020).

2. E. D. Green, J. D. Watson, F. S. Collins, Human Genome Project: Twenty-five years of big biology. Nature 526, 29-31 (2015).

2장 진화와 적응
진화는 어떻게 일어날까?
공통의 조상, 그리고 생명의 나무

3. https://en.wikipedia.org/wiki/Last_universal_common_ancestor

4. L. A. Hug et al., A new view of the tree of life. Nat Microbiol 1, 16048 (2016).

자연선택과 적응

5. E. Axelsson et al., The genomic signature of dog domestication reveals adaptation to a starch-rich diet. *Nature* 495, 360-364 (2013).

6. A. Bergström et al., Origins and genetic legacy of prehistoric dogs. Science 370, 557-564 (2020).

7. E. A. Ostrander, R. K. Wayne, A. H. Freedman, B. W. Davis, Demographic history, selection and functional diversity of the canine genome. Nat Rev Genet 18, 705-720 (2017)

8. 찰스 로버트 다윈, 장대익 옮김, 《종의 기원》, 사이언스북스, 2019.

9. 최재천, 〈다윈의 진화론, 그 간결함의 매력〉, 과학과 기술, 2009:02.

3장 재미있고 신비한 극지 생물의 유전자

펭귄, 너는 어디에서 왔니?

10. T. L. Cole et al., Mitogenomes Uncover Extinct Penguin Taxa and Reveal Island Formation as a Key Driver of Speciation. Mol Biol Evol 36, 784-797 (2019).

11. R. Cristofari et al., Full circumpolar migration ensures evolutionary unity in the Emperor penguin. Nat Commun 7, 11842 (2016).

12. G. Mayr, R. P. Scofield, V. L. De Pietri, A. J. D. Tennyson, A Paleocene penguin from New Zealand substantiates multiple origins of gigantism in fossil Sphenisciformes. Nat Commun 8, 1927 (2017).

13. H. Pan et al., High-coverage genomes to elucidate the evolution of penguins. Gigascience 8 (2019).

14. J. A. Vianna et al., Genome-wide analyses reveal drivers of penguin diversification. Proc Natl Acad Sci U S A 117, 22303-22310 (2020).

투명한 피를 가진 남극빙어

15. B. M. Kim et al., Antarctic blackfin icefish genome reveals adaptations to extreme environments. Nat Ecol Evol 3, 469-478 (2019).

얼음을 얼지 않게 하는 얼음결합단백질

16. M. Bar Dolev, I. Braslavsky, P. L. Davies, Ice-Binding Proteins and Their Function. Annu Rev Biochem 85, 515-542 (2016).

17. M. Bredow, V. K. Walker, Ice-Binding Proteins in Plants. Front Plant Sci 8, 2153 (2017).

18. P. L. Davies, Ice-binding proteins: a remarkable diversity of structures for stopping and starting ice growth. Trends Biochem

Sci 39, 548-555 (2014).

19. T. D. R. Vance, M. Bayer-Giraldi, P. L. Davies, M. Mangiagalli, Ice-binding proteins and the 'domain of unknown function' 3494 family. Febs j 286, 855-873 (2019).

20. I. K. Voets, From ice-binding proteins to bio-inspired antifreeze materials. Soft Matter 13, 4808-4823 (2017).

21. Crisp, A., Boschetti, C., Perry, M. et al. Expression of multiple horizontally acquired genes is a hallmark of both vertebrate and invertebrate genomes. Genome Biol 16, 50 (2015). https://doi.org/10.1186/s13059-015-0607-3

지구 최강의 동물, 물곰

22. T. C. Boothby et al., Evidence for extensive horizontal gene transfer from the draft genome of a tardigrade. Proc Natl Acad Sci U S A 112, 15976-15981 (2015).

23. C. Guijarro-Clarke, P. W. H. Holland, J. Paps, Widespread patterns of gene loss in the evolution of the animal kingdom. Nat Ecol Evol 4, 519-523 (2020).

24. T. Hashimoto et al., Extremotolerant tardigrade genome and improved radiotolerance of human cultured cells by tardigrade-unique protein. Nat Commun 7, 12808 (2016).

25. R. C. Neves, R. M. Stuart, N. Møbjerg, New insights into the limited thermotolerance of anhydrobiotic tardigrades. Commun Integr Biol 13, 140-146 (2020).

북극곰의 초고속 진화

26. J. A. Cahill et al., Genomic evidence for island population conversion resolves conflicting theories of polar bear evolution.

PLoS Genet 9, e1003345 (2013).

27. F. Hailer, Introgressive hybridization: brown bears as vectors for polar bear alleles. Mol Ecol 24, 1161-1163 (2015).

28. F. Hailer et al., Nuclear genomic sequences reveal that polar bears are an old and distinct bear lineage. Science 336, 344-347 (2012).

29. S. Liu et al., Population genomics reveal recent speciation and rapid evolutionary adaptation in polar bears. Cell 157, 785-794 (2014).

30. W. Miller et al., Polar and brown bear genomes reveal ancient admixture and demographic footprints of past climate change. Proc Natl Acad Sci U S A 109, E2382-2390 (2012).

31. D. C. Rinker, N. K. Specian, S. Zhao, J. G. Gibbons, Polar bear evolution is marked by rapid changes in gene copy number in response to dietary shift. Proc Natl Acad Sci U S A 116, 13446-13451 (2019).

고래의 비밀

32. Ú. Árnason, F. Lammers, V. Kumar, M. A. Nilsson, A. Janke, Whole-genome sequencing of the blue whale and other rorquals finds signatures for introgressive gene flow. Sci Adv 4, eaap9873 (2018).

33. M. Keane et al., Insights into the evolution of longevity from the bowhead whale genome. Cell Rep 10, 112-122 (2015).

34. A. Moskalev et al., De novo assembling and primary analysis of genome and transcriptome of gray whale Eschrichtius robustus. BMC Evol Biol 17, 258 (2017).

35. W. C. Warren et al., The Novel Evolution of the Sperm Whale Genome. Genome Biol Evol 9, 3260-3264 (2017).

36. H. S. Yim et al., Minke whale genome and aquatic adaptation in cetaceans. Nat Genet 46, 88-92 (2014).

37. M. Huelsmann et al., Genes lost during the transition from land to water in cetaceans highlight genomic changes associated with aquatic adaptations. Sci Adv 5, eaaw6671 (2019).

얼음 속 남극이끼의 부활

38. E. Roads, R. E. Longton, P. Convey, Millennial timescale regeneration in a moss from Antarctica. Curr Biol 24, R222-223 (2014).

39. M. Y. Byun et al., Identification of Rice Genes Associated With Enhanced Cold Tolerance by Comparative Transcriptome Analysis With Two Transgenic Rice Plants Overexpressing DaCBF4 or DaCBF7, Isolated From Antarctic Flowering Plant Deschampsia antarctica. Front Plant Sci 9, 601 (2018).

40. M. Y. Byun et al., Constitutive expression of DaCBF7, an Antarctic vascular plant Deschampsia antarctica CBF homolog, resulted in improved cold tolerance in transgenic rice plants. Plant Sci 236, 61-74 (2015).

41. S. M. Cho et al., Type II Ice-Binding Proteins Isolated from an Arctic Microalga Are Similar to Adhesin-Like Proteins and Increase Freezing Tolerance in Transgenic Plants. Plant Cell Physiol 60, 2744-2757 (2019).

42. S. M. Cho et al., Comparative transcriptome analysis of field- and chamber-grown samples of Colobanthus quitensis (Kunth) Bartl, an Antarctic flowering plant. Sci Rep 8, 11049 (2018).

43. L. H. Cui et al., Poaceae Type II Galactinol Synthase 2 from Antarctic Flowering Plant Deschampsia antarctica and Rice Improves Cold and Drought Tolerance by Accumulation of Raffinose Family Oligosaccharides in Transgenic Rice Plants. Plant Cell Physiol 61, 88-104 (2020).

44. J. Lee et al., Transcriptome sequencing of the Antarctic vascular plant Deschampsia antarctica Desv. under abiotic stress. Planta 237, 823-836 (2013).

4장 보물섬을 찾아라! 지구유전체 프로젝트
메타유전체학, 환경유전체학

45. J. R. Brum et al., Ocean plankton. Patterns and ecological drivers of ocean viral communities. Science 348, 1261498 (2015).

46. N. Chrismas, M. Cunliffe, Depth-dependent mycoplankton glycoside hydrolase gene activity in the open ocean-evidence from the Tara Oceans eukaryote metatranscriptomes. Isme j 14, 2361-2365 (2020).

47. F. M. Ibarbalz et al., Global Trends in Marine Plankton Diversity across Kingdoms of Life. Cell 179, 1084-1097.e1021 (2019).

48. S. Sunagawa et al., Tara Oceans: towards global ocean ecosystems biology. Nat Rev Microbiol 18, 428-445 (2020).

극한 생물, 그들의 놀라운 능력

49. N. Merino et al., Living at the Extremes: Extremophiles and the Limits of Life in a Planetary Context. Front Microbiol 10, 780 (2019).

지금껏 보지 못했던 공간, 빙저호와 그 생태계

50. D. Fox, EXCLUSIVE: Tiny animal carcasses found in buried Antarctic lake. Nature 565, 405-406 (2019).

51. D. Fox, The hunt for life below Antarctic ice. Nature 564, 180-182 (2018).

52. M. N. Gooseff et al., Decadal ecosystem response to an anomalous melt season in a polar desert in Antarctica. Nat Ecol Evol 1, 1334–1338 (2017).

53. S. O. Rogers et al., Ecology of subglacial lake vostok (antarctica), based on metagenomic/metatranscriptomic analyses of accretion ice. Biology (Basel) 2, 629–650 (2013).

54. C. A. Scharf, Cold call. What will scientists find in Antarctica's ancient Lake Vostok? Sci Am 306, 24 (2012).

지구생물유전체 프로젝트

55. H. A. Lewin et al., Earth BioGenome Project: Sequencing life for the future of life. Proc Natl Acad Sci U S A 115, 4325–4333 (2018).

56. www.earthbiogenome.org

그림 출처

1장 내가 너와 다른 이유

그림 1-1 유전의 놀라움! 똑닮은 아버지의 어릴 적 모습과 아들.
https://www.cuatro.com/noticias/sociedad/padres-hijos-gemelos-gotas_de_agua-parecidos_4_1921035002.html?type=listing

그림 1-2 손자 세대의 완두콩. 둥근콩과 주름진 완두콩이 한 깍지의 콩에 함께 나타난다.
https://www.biology-pages.info/M/Mendel.html

그림 1-3 유전학의 창시자 그레고리 멘델(좌)과 그가 관찰했던 완두콩의 일곱 가지 형질(우).
https://sites.google.com/a/wisc.edu/ils202fall11/home/student-wikis/group8을 수정.
https://www.neetprep.com/ncert/1478-Principles-Inheritance--Variation-Principles-Inheritance--Variation--NCERT-Chapter-PDF(Fig. 5.1)

그림 1-4 세포의 구조. 성인 인간은 이런 세포 약 100조 개로 구성되어 있다.

그림 1-5 1개 세포핵에 들어 있는 사람의 23쌍, 46개 염색체 모습.
출처: 미국 국립암연구소, 연합뉴스.

그림 1-6 에이버리의 유전물질 증명 실험(직접 그림).

그림 1-7 허시-체이스의 유전물질 증명 실험.
https://sites.google.com/site/hersheychaseexpiriment/conclusion 의 그림 수정.

그림 1-8 크릭과 왓슨의 DNA 구조에 관한 《네이처》 논문과 가장 중요한 단서였던 X선 회절 사진.
Watson, J., Crick, F. Molecular Structure of Nucleic Acids: A Structure for Deoxyribose Nucleic Acid. Nature 171, 737-738 (1953). https://doi.org/10.1038/171737a0
http://www.thehistoryblog.com/wp-content/uploads/2013/05/Watson-Crick-DNA-model.jpg
https://en.wikipedia.org/wiki/File:Photo_51_x-ray_diffraction_image.jpg

그림 1-9 DNA 구조의 특징: 이중나선, AT-GC 사이의 상보적 결합, 역방

향의 두 개의 상보적 가닥, 반보존적 복제 방식.

https://steemit.com/dna/@patelchirag/dna-structure

https://www.mun.ca/biology/scarr/iGen3_03-01.html

그림 1-10   젤리로 만든 DNA 모형.

https://www.thinglink.com/scene/784831346584322048

그림 1-11   유전자는 DNA라는 유전물질에 암호화되어 있는 유전정보의 단위이다.

https://socratic.org/questions/how-are-dna-chromosomes-genes-and-alleles-related 그림 수정.

그림 1-12   프랜시스 크릭의 '센트럴 도그마' 가설(직접 그림).

그림 1-13   DNA 전사·번역 과정.

그림 1-14   인간 게놈의 23쌍의 염색체(좌), 《네이처》와 《사이언스》지에 나란히 발표된 인간 유전체 지도의 초안(우).

https://commons.wikimedia.org/wiki/File:Karyotype.png

https://septisphere.files.wordpress.com/2014/10/human-genome-feb-2001.jpg

그림 1-15   사람에게 나타나는 유전적 다양성.

https://www.broadinstitute.org/medical-population-genetics

그림 1-16   HGP 이후, 인간 유전체의 집단간 변이를 찾기 위한 대규모 프로젝트들.

커버페이지 The International HapMap Consortium. A haplotype map of the human genome. Nature 437, 1299-1320 (2005). https://doi.org/10.1038/nature04226

커버페이지 The 1000 Genomes Project Consortium. A map of human genome variation from population-scale sequencing. Nature 467, 1061-1073 (2010). https://doi.org/10.1038/nature09534

웹사이트 모집공고 출처: http://10000genomes.org/

그림 1-17   영화 〈가타카〉(1997, 감독 앤드류 밀러). 인간의 유전자를 통제하는 미래를 표현한 영화이다.

영화 〈가타카〉 포스터(좌).

http://www.scifilmhistory.com/index.php?page
ID=gattaca (우)

2장 진화와 적응

그림 2-1 단세포생물의 무성생식과 포유류의 유성생식 비교.

그림 2-2 DNA 염기서열상의 돌연변이 발생의 예(좌)와 염색체 재조합에
의한 변이(우).
(좌) Jacquemin D, et al (2014). Assessing the Importance of
Proton Transfer Reactions in DNA. Accounts of Chemical
Research, 47(8), 2467-2474. doi:10.1021/ar500148c 의 Fig 1,
Fig 2
(우) https://commons.wikimedia.org/wiki/File:Figure
_17_02_01.jpg

그림 2-3 개의 공통 조상으로부터의 진화계통도(위) 및 전 세계 개들의 유
전적 배경(아래).
(위) Wayne R & Vonholdt B (2012). Evolutionary genomics
of dog domestication. Mammalian genome : official journal
of the International Mammalian Genome Society. 23. 3-18.
10.1007/s00335-011-9386-7. Fig. 6
(아래) Bergström, A., et al. (2020). "Origins and genetic
legacy of prehistoric dogs." Science 370(6516): 557-564.
Fig. 5

그림 2-4 공통의 조상에서 시작된 생명의 나무.

그림 2-5 모든 동물에서 보존되어 있는 HOX 유전자는 수억 년의 진화를
거쳤다.
https://commons.wikimedia.org/wiki/File:Genes_hox.jpeg

그림 2-6 다윈이 처음 제시한 Tree of Life(《종의 기원》, 1859, 좌), 현대적 관
점의 Tree of life(© Hug et al. 2016, 우).
https://commons.wikimedia.org/wiki/File:Darwin_tree.png
Hug, L., Baker, B., Anantharaman, K. et al. A new view of
the tree of life. Nat Microbiol 1, 16048 (2016). https://doi.
org/10.1038/nmicrobiol.2016.48

DOI: 10.1073/pnas.200665911, Fig.1

그림 3-6 맛수용체 TAS1R. 이들의 조합에 따라 느낄 수 있는 맛의 종류가 다르다.
https://i2.wp.com/voronoivisuals.com/wp-content/uploads/2017/05/Picture1.png

그림 3-7 투명한 몸을 지닌 남극빙어(좌)와 남극빙어의 투명한 혈액(우).
https://www.quantamagazine.org/icefish-study-adds-another-color-to-the-story-of-blood-20190422/

그림 3-8 남극 빙어의 자연선택에 의해 확장 및 소실된 남극 빙어의 유전자 그룹(직접 그림).

그림 3-9 얼음결합 단백질의 종류에 따른 얼음 성장 억제 양상.
https://www.ksmcb.or.kr/webzine/2003/content/news.html '얼음결합단백질의 최신 연구 동향', Illustrated by Sungmi Cho.

그림 3-10 극지 및 호냉성 생물에서 발견되는 얼음결합 단백질의 생태학적 기능.
https://www.ksmcb.or.kr/webzine/2003/content/news.html '얼음결합 단백질의 최신 연구 동향', Illustrated by Sungmi Cho.

그림 3-11 얼음결합 단백질이 수평적 유전자 이동에 의한 것임을 보여주는 분자계통도.
Vance, T.D.R., Bayer-Giraldi, M., Davies, P.L. and Mangiagalli, M. (2019), Ice-binding proteins and the 'domain of unknown function' 3494 family. FEBS J, 286: 855-873. https://doi.org/10.1111/febs.14764 Fig.6

그림 3-12 '생명의 나무' 이론에 수평적 유전자 이동(Horizontal Gene Transfer, HGT)의 개념을 더한 "Web of Life".
https://openspace.infohio.org/courseware/lesson/405/student/?task=5 : (a) phylogenetic model proposed by W. Ford Doolittle, (b) the multi-trunked Ficus than by the single trunk of the oak similar to the tree drawn by Darwin Figure

그림 3-13 지구 최강생존 능력을 가진 완보동물, 물곰.
https://commons.wikimedia.org/wiki/File:Tardigrade_
(50594150046).jpg

그림 3-14 완보동물(좌) 및 브라인쉬림프(우)와 이들의 휴면 상태에 해당하
는 시스트 모양.
Neves RC et al. New insights into the limited
thermotolerance of anhydrobiotic tardigrades. Commun
Integr Biol. 2020 Sep 9;13(1):140-146. doi:
10.1080/19420889.2020.1812865. PMID: 33014266;
PMCID: PMC7518453. Fig. 1
https://www.nationalgeographic.com/science/article/
parasites-make-their-hosts-sociable-so-they-get-eaten

그림 3-15 물곰의 세포가 탈수가사 상태에 돌입할 때 발현되는 세포 내 유
전자들.
Neves RC et al. New insights into the limited
thermotolerance of anhydrobiotic tardigrades. Commun
Integr Biol. 2020 Sep 9;13(1):140-146. doi:
10.1080/19420889.2020.1812865. PMID: 33014266;
PMCID: PMC7518453. Fig. 4

그림 3-16 유전적 다형성의 예.
https://www.stewartsociety.org/images/bannockburn-
tandem-repeats.jpg
https://kids.kiddle.co/Genetics

그림 3-17 북극곰/불곰의 비교유전체 연구에서 샘플링된 북극곰과 불곰 개
체군(© Liu et al. Cell 2014).
Liu, S., et al. (2014). "Population Genomics Reveal Recent
Speciation and Rapid Evolutionary Adaptation in Polar
Bears." Cell 157(4): 785-794. Fig 1

그림 3-18 북극곰의 주요 유전자 변이.
Liu, S., et al. (2014). "Population Genomics Reveal Recent
Speciation and Rapid Evolutionary Adaptation in Polar
Bears." Cell 157(4): 785-794.

David C. Rinker, Natalya K. Specian, Shu Zhao, John G. Gibbons. Polar bear evolution is marked by rapid changes in gene copy number in response to dietary shift. Proceedings of the National Academy of Sciences, 2019.

그림 3-19 독일의 한 동물원에서 지내던 이란성쌍둥이 피즐리곰 형제.
https://www.dw.com/en/escaped-bear-shot-dead-at-german-zoo/a-37905809
© picture alliance/dpa/F.Gentsch

그림 3-20 바다의 표면에서 수직으로 잠을 자는 향유고래떼.
https://whalescientists.com/whales-sleep/ © OceanCare

그림 3-21 고래목에서 나타나는 멜라토닌 합성효소코딩 유전자와 멜라토닌 수용체 유전자의 코딩 영역에서 나타나는 돌연변이.
© Huelsmann et al. 2019, Science Advances로부터 수정하여 그림.

그림 3-22 해양성남극에 존재하는 Signey섬의 두꺼운 이끼뱅크, 130cm의 이끼 피트층을 코어링하는 모습(좌), 1,500여 년 전 이끼 피트 층에서 재생된 이끼의 새로운 조직(우).
https://phys.org/news/2014-03-antarctic-moss-years-ice.html credit:P.Boelen
Roads E, Longton RE, Convey P. Millennial timescale regeneration in a moss from Antarctica. Curr Biol. 2014 Mar 17;24(6):R222-3. doi: 10.1016/j.cub.2014.01.053. PMID: 24650904.

그림 3-23 생장과 휴면 반복에 의해 생성된 남극이끼뱅크와 식물의 대표적인 휴면 단계인 종자와 형성층, 잎눈의 모습 비교.
남극이끼뱅크 © JungeunLee,
Type II Ice-Binding Proteins Isolated from an Arctic Cho SM et al., Microalga Are Similar to Adhesin-Like Proteins and Increase Freezing Tolerance in Transgenic Plants. Plant Cell Physiol. 2019 Dec 1;60(12):2744-2757. doi: 10.1093/pcp/pcz162. PMID: 31418793.

그림 3-24 남극좀새풀의 스트레스 내성 유전자인DaCBF가 발현된 벼의 결

빙저항내성(좌) 및 극지미세조류의 얼음결합 단백질을 넣은 애기
장대형질전환체는 얼음재결정화억제표현형(우).
좌: DaCBF 과발현 벼형질전환체(© Hyoungseok Lee),
우: Cho SM et al.

4장 보물섬을 찾아라! 지구유전체 프로젝트

그림 4-1　RNA 의 기능. DNA의 정보를 단백질로 만들기 위해서는 mRNA, rRNA, tRNA와 리보솜이 필요하다.
https://www.amoebasisters.com/paramecium parlorcomics/category/protein-synthesis © Amoebasisters

그림 4-2　진핵생물과 원핵생물의 rRNA 비교(좌) 및 원핵생물의 rRNA들을 코딩하는 박테리아 유전자의 모식도(우).

그림 4-3　환경유전체학의 방법.
https://sciwri.club/archives/7530

그림 4-4　타라 프로젝트의 경로 및 북극해 주변의 샘플링 포인트.
https://www.frontiersin.org/files/Articles/490859/fmars-06-00750-HTML-r2/image_m/fmars-06-00750-g001.jpg
Gregory, Ann C et al. "Marine DNA Viral Macro- and Microdiversity from Pole to Pole." Cell vol. 177,5 (2019): 1109-1123.e14. doi:10.1016/j.cell.2019.03.040 Fig.1.
https://commons.wikimedia.org/wiki/File:The_schooner_TARA_(Port_Lay,_%C3%8Ele_de_Groix,_2009).jpg

그림 4-5　여러 종류의 극한 미생물들.
Merino, Nancy et al. "Living at the Extremes: Extremophiles and the Limits of Life in a Planetary Context." Frontiers in microbiology vol. 10 780. 15 Apr. 2019, doi:10.3389/fmicb.2019.00780 Fig. 1.

그림 4-6　PCR의 원리(위, 아래 좌)와 PCR 중합효소인 Taq polymerase가 발견된 옐로우스톤 국립공원(미국)의 온천(아래 우).
https://www.thermofisher.com/kr/ko/home/life-science/cloning/cloning-learning-center/invitrogen-school-of-

molecular-biology/pcr-education/pcr-reagents-enzymes/
pcr-basics.html

https://daily.jstor.org/how-yellowstone-extremophile-
bacteria-helped-with-covid-19-testing/

그림 4-7   남극대륙에서 가장 큰 호수인 보스토크 호수의 시추 모식도.
https://commons.wikimedia.org/wiki/File:Lake_Vostok_
drill_2011.jpg

그림 4-8   남극대륙의 빙하 아래 강과 호수 지형 예상도(위), 남극 윌란스호
의 물속 모습과 호수에 존재하는 미생물 배양체(아래).
https://commons.wikimedia.org/wiki/File:Antarctic_
Lakes_-_Sub-glacial_aquatic_system.jpg
https://commons.wikimedia.org/wiki/File:First_view_of_
the_bottom_of_Antarctic_subglacial_Lake_Whillans.jpg

그림 4-9   1500년부터 현재까지 척추동물의 멸종 속도-1900년 이후 멸종
속도는 더욱 가속화되고 있다.
Ceballos, G., et al. (2015). "Accelerated modern human-
induced species losses: Entering the sixth mass
extinction." Science Advances 1(5): e1400253. Fig. 1.
https://www.macleans.ca/society/science/infographic-
charting-the-worlds-sixth-mass-exinction/

그림 4-10 지구의 다양한 생물 유전정보를 아카이브하기 위한 지구생물유
전체 프로젝트.
https://www.earthbiogenome.org

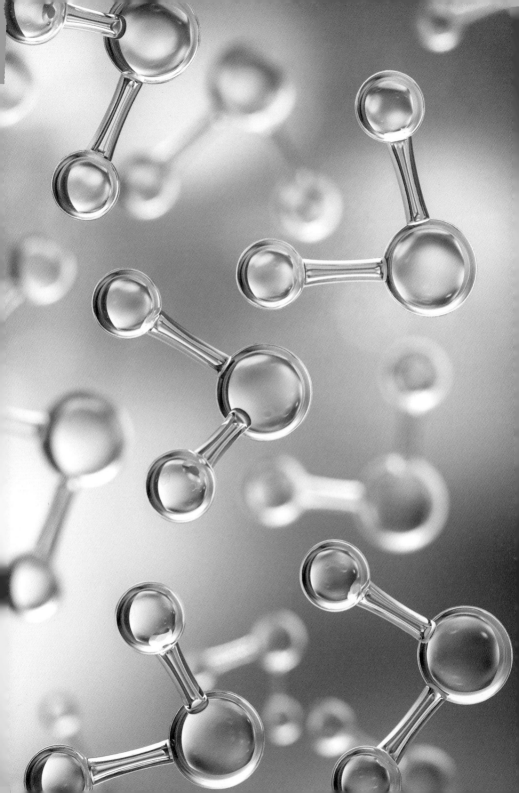

그림으로 보는 극지과학 13

극지과학자가 들려주는 똑똑한 유전자 이야기

지 은 이 | 이정은

1판 1쇄 인쇄 | 2021년 12월 16일
1판 1쇄 발행 | 2021년 12월 23일

펴 낸 곳 | ㈜지식노마드
펴 낸 이 | 김중현
디 자 인 | 제이알컴
본문 일러스트 | 홍재승

등록번호 | 제313-2007-000148호
등록일자 | 2007.7.10
주   소 | 서울시 마포구 양화로 133, 1702호(서교동, 서교타워)
전   화 | 02-323-1410
팩   스 | 02-6499-1411

이 메 일 | knomad@knomad.co.kr
홈페이지 | http://www.knomad.co.kr

가   격 | 12,000원

ISBN 979-11-87481-97-3   04450
ISBN 978-89-93322-65-1   04450(세트)

※ 이 책은 극지연구소 '2021년도 연구·정책지원사업(PE21340)'의 지원을 받아 발간되었습니다.